KB269297

알폰소 셰프의
# 이탈리안 양식
따라잡기

알폰소 셰프의
이탈리안 야식 따라잡기

초판 1쇄 인쇄일 2016년 8월 19일
초판 1쇄 발행일 2016년 8월 26일

**지은이** 노순배
**펴낸이** 양옥매
**디자인** 최원용
**교　정** 조준경

**펴낸곳** 도서출판 책과나무
**출판등록** 제2012-000376
**주소** 서울시 마포구 방울내로 79 이노빌딩 302호
**대표전화** 02.372.1537　**팩스** 02.372.1538
**이메일** booknamu2007@naver.com
**홈페이지** www.booknamu.com
ISBN 979-11-5776-243-9(13590)

이 도서의 국립중앙도서관 출판시도서목록(CIP)은 서지정보유통지원 시스템
홈페이지(http://seoji.nl.go.kr)와 국가자료공동목록시스템
(http://www.nl.go.kr/kolisnet)에서 이용하실 수 있습니다.
(CIP제어번호 : CIP2016019472)

# 알폰소 셰프의
# 이탈리안 야식 따라잡기

그 파스타에 홀릭되어 보낸 그때 그 시절을
셰프 알폰소는 이 책을 통해 추억으로 간직하려 한다

**노순배** 지음

# PROLOGUE

이 요리 책은 셰프 알폰소가 임피리얼 팰리스 호텔, 이탈리안 레스토 랑에서 10년 동안 근무하면서 만든 야식 메뉴로, 스텝들과 직접 맛보고 감동 받았던 메뉴를 수록한 것이다. 늦은 저녁, 이 메뉴는 허기진 배를 달래 준 야식이었으며, 프로모션 메뉴로 선정되어 고객들에게 많은 사랑을 받았던 메뉴이기도 했다.

이 책에는 튀김, 수프, 그라탕, 샐러드 등 야식이자 술 안주로도 제격인 50여 가지의 요리와 10여 가지의 소스 레시피를 담았으며, 그중 단연 스텝들과 즐겨 먹었던 것은 파스타였다. 그 파스타에 홀릭되어 보낸 그때 그 시절을, 셰프 알폰소는 이 책을 통해 추억으로 간직하려 한다.

이 책에는 나의 요리 인생 이야기와 다양한 레시피를 담은 블로그 '알폰소의 파스타 스토리아'에 수록된 메뉴들 가운데 몇 가지 재료만 준비한다면 일반인들도 재미있게 따라 할 수 있는 것들만을 골라 소개했

다. 베로나 주방에서 벌어진 일들을 추억으로 간직하기 위해 생명을
불어넣어 만든 이 책이 많은 사람들의 식탁에 오르는 맛있는 야식 메뉴
로 탈바꿈하여 여러분들에게 또 다른 행복한 추억을 선사하길 바란다.
끝으로 알폰소와 함께 베로나 주방을 같이한 선후배님들에게 깊은 감
사를 드리며, 그들의 인생에 좋은 일만 가득하길 바란다.

2016년 8월

Imperial Palace
Taste of Abruzzo, Italia
이탈리안 레스토랑 베로나에서는 이탈리아 청정지역으로 각광받는
아브루초 지역의 정통 요리를 선보입니다. 아브루초 특유의 매운 고추, 페페론치니를
곁들인 정통 이탈리안 요리를 만끽하시기 바랍니다.
Italian Restaurant Verona invites you to have a taste of Abruzzo.
Enjoy the exotic and sensational spice of Italia.

이탈리안 레스토랑 베로나

# CONTENTS

prologue • 04

## 오늘은 야식으로 뭘 먹지?


카로차 튀김과 카망베르 치즈 구이 • 16

포르투갈 샌드위치 프란세진야 • 19

매콤한 홍합 치즈 그라탕 • 22

시칠리아식 피스타치오 아란치니 • 25

호박잎 리조토 크로켓 • 29

수란을 곁들인 브로콜리니 볶음 • 32

뚱딴지 라비올리 튀김 • 35

밀라노풍의 야채 수프 • 38

앤초비 밥 버거 • 41

## 오늘은 안주로 뭘 먹지?


가지 카넬로니 · 46

매콤한 영계 오븐구이 · 49

가지 오븐구이 · 53

닭고기 롤과 감자구이 · 57

요구르트 소스를 곁들인 연어 스테이크 · 61

이탈리안식 오징어 튀김 · 64

새콤달콤한 닭 가슴살 구이 · 67

올리브 튀김 · 70

프레골라를 넣은 오징어 순대 · 73

파마산 치즈와 문어 튀김 · 77

렌치 드레싱을 곁들인 게살 튀김과 샐러드 · 80

스페인식 문어 샐러드 · 83

버섯 크로스티니 · 86

## 오늘의 야식은 파스타!


갈치 스파게티니 • 94

고등어 스파게티니 • 97

꼬막 스파게티니 • 100

닭고기와 브로콜리니로 맛을 낸 오레키에테 • 103

새우소스 탈리올리니 • 106

아욱 리조토 • 110

연어 크림소스 펜네 • 113

전어 크림 스파게티니 • 116

갈빗살 스파게티니 • 119

채소 팟타이 • 122

해산물 파에야 • 125

해산물 렌틸 소스를 곁들인 카놀리키와 콘킬리에 • 128

전복 내장 스파게티니 • 132

시칠리안 페스토를 곁들인 링귀네 • 135

보타르가 크림소스 스파게티니 • 137

명란젓 스파게티니 • 140

바질 페스토를 넣은 프레시 트로피에 • 143

애호박 앤초비 폴리에 둘리바 • 146

열무로 맛을 낸 오레키에테 • 149

## 오늘의 야식은 피자!


돌돌 말이 피자 · 154

이태리식 만능소스 피자 · 157

별 모양 스텔라 피자 · 161

라켓피자 · 164

카르토차타 시칠리아나 · 167

반달 모양 칼조네 피자 · 170

튀긴 피자 판제로티 · 173

시카고 딥 디쉬 피자 · 176

텔리아 피자 · 179

1) 악마풍의 텔리아 피자 · 183

2) 스테이크, 프로쉬토 텔리아 피자 · 185

팔라 피자 · 187

1) 팔라 비앙카 · 191

2) 루콜라, 프로쉬토 팔라 피자 · 193

## 기본 소스 및 육수

토마토소스 · 198

갑각류소스(비스큐소스) · 200

베샤멜소스와 화이트소스 · 202

피자소스 · 204

미트소스 · 205

시칠리안 페스토소스 · 207

시저 드레싱 · 209

바질 페스토 · 211

치킨 육수와 농축 육수 · 212

선드라이 토마토 만들기 · 214

피자 반죽　1) 로마식 피자 반죽 · 215

　　　　　2) 나폴리식 피자 반죽 · 216

1 요리에 사용된 올리브유는 시중에서 쉽게 구할 수 있는 엑스트라 올리브유를 사용했다.

2 파스타에 사용된 스파게티는 일반 스파게티보다 얇은 데체코(De cecco)의 스파게티니(Spaghettini)를 사용했다.

3 레시피의 나오는 모체소스(토마토소스, 피자소스, 피자 반죽) 등은 책의 마지막 부분인 기본소스 및 육수 부분에 설명해 두었다.

4 피자에 사용된 밀가루는 대한제분 것을 사용하였다.

5 생크림은 매일 유업의 동물성 생크림을 사용했습니다.

카로차 튀김과 카망베르 치즈 구이
포르투갈 샌드위치 프란세지냐
매콤한 홍합 치즈 그라탕
시칠리아식 피스타치오 아란치니
호박잎 리조토 크로켓
수란을 곁들인 브로콜리니 볶음
뚱딴지 라비올리 튀김
밀라노풍의 야채 수프
앤초비 밥 버거

A
오늘은
야식으로
뭘 먹지?

# 카로차 튀김과 카망베르 치즈 구이

　카로차(Carrozza)는 이탈리아의 전채로, 겹으로 자른 두 장의 식빵 안에 치즈를 넣어 튀긴 요리다. '카로차'는 '이탈리아어로 '마차'인데, 마차 바퀴모양을 하고 있어서 붙여진 이름이다. 두 장의 빵을 얇게 펴서 치즈를 채워 돌돌 말아 변화를 주어 만들었다.

**재료** 달걀1개, 튀김가루 30g, 라디치오 50g, 잣 15g, 베이비 믹스 야채 5g, 꿀 10g, 카망베르 치즈 1개, 와인 식초 10g, 올리브유 20ml, 소금, 후추 약간씩, 튀김 용 기름

**카로차 만들기** 식빵 3장, 호밀 빵가루 60g, 크림치즈 30g, 햄 슬라이스 3장, 바질 3잎, 피자치즈 60g, 스위스 치즈 45g,

## 카로차 만들기

1) 식빵은 모서리를 잘라 주시고, 비닐을 깔고 밀대로 얇게 밀어 펴 주세요.

2) 식빵 위에 크림치즈를 발라 주시고 햄 슬라이스, 바질 슬라이스, 스위스 치즈를 올려 돌돌 말아 주세요. 천천히 촘촘히 잘 말아 주시고, 끝은 꾹꾹 눌러 내용물이 세지 않도록 해 주세요.

3) 달걀과 튀김가루 그리고 물을 넣어 튀긴 반죽의 농도를 쭉 흐를 정도로 조절해 주세요.

4) 카로차는 튀긴 반죽을 적시고 호밀 빵가루를 골고루 묻혀 줍니다. (식전 빵으로 사용한 호밀 빵이 남았을 때 말려 갈아서 사용합니다. 없으면 일반 빵가루를 사용해도 좋습니다.)

## 치즈 굽기

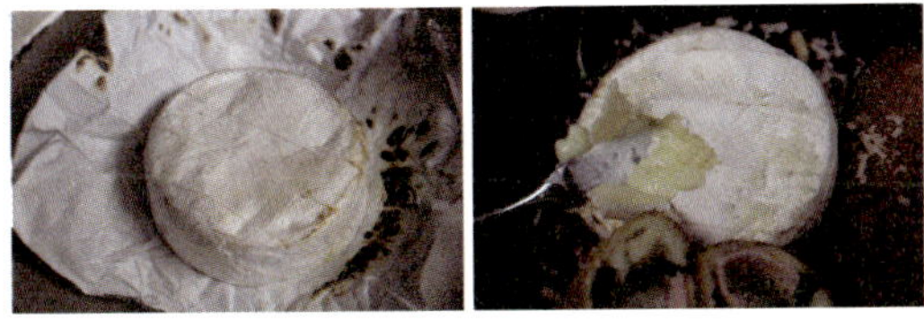

1) 치즈는 오븐에 180도로 10분 정도 굽습니다. 만일 속이 무르지 않으면 전자레인지에 30초 미만으로 돌리면 부드러워집니다.

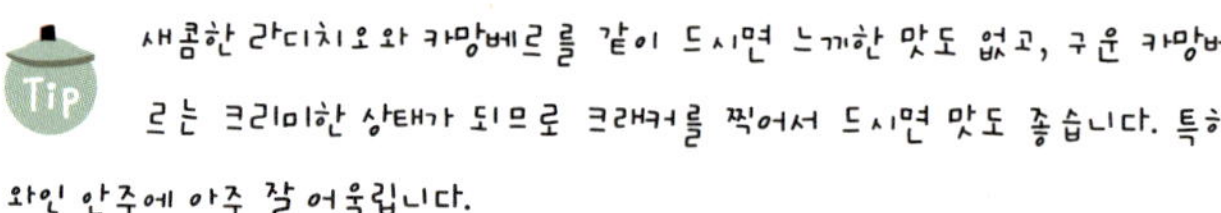

1) 팬에 기름을 두르고 라디치오를 볶고 잣과 소금, 후추, 와인 식초를 넣어 간을 본 후 접시에 담아 줍니다.

2) 카로차는 180도 튀김 기름에 노릇하게 튀겨 주세요.

3) 접시에 볶은 라디치오를 담고, 위에는 오븐에 구운 카망베르 치즈를 올린 후 약간의 꿀과 야채를 올립니다. 튀긴 카로차도 2등분 해서 올려 마무리합니다.

> **Tip**
> 새콤한 라디치오와 카망베르를 같이 드시면 느끼한 맛도 없고, 구운 카망베르는 크리미한 상태가 되므로 크래커를 찍어서 드시면 맛도 좋습니다. 특히 와인 안주에 아주 잘 어울립니다.

# 포르투갈 샌드위치 프란세진야

프란세진야(Francesinha)는 포르투갈의 대표적인 샌드위치로, 톡 쏘는 토마토소스 계열의 소스를 곁들여 맛을 낸다. 샌드위치 속에 햄, 치즈 그리고 두툼한 햄과 고기가 켜켜이 들어간 것이 이색적이다.

프란세진야는 상수역의 '타버나드 포르투갈(Taverna de Portugal)'의 대표적인 요리로, 두툼한 고기와 부드러운 질감의 소스가 이색적인 맛을 냈던 곳으로 기억한다. 이곳을 다녀온 후 야식으로 재해석하여 만들었다.

**재료(4개 분량)** 식빵 2장, 소고기 안심 4쪽(50gx4ea), 햄 슬라이스 4장, 모차렐라 슬라이스 4장, 스위스 치즈 4장
**소스** 다진 양파 20g, 다진 마늘 3g, 올리브유 20ml, 완숙 토마토 2개, 월계수 잎 3장, 토마토소스100g(198p), 맥주 150㎖, 소금, 후추 약간씩, 처빌 4줄기, 물 전분 약간

**프란세진야 소스**

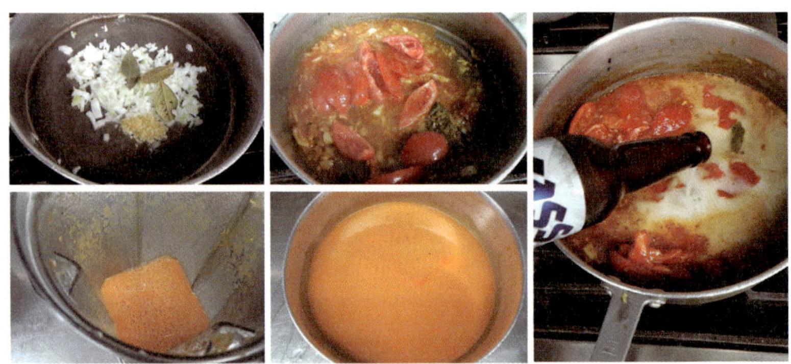

1) 팬에 올리브유를 두르고 다진 양파와 마늘을 넣어 먼저 볶아 주세요.

2) 껍질을 벗겨 4등분하여, 씨를 제거한 토마토를 같이 넣어 볶아 주세요. 토마토가 무를 때까지 더 볶아 주시는 것을 잊지 마세요. 볶는 중간에 부족하다면 올리브 유를 소량씩 첨가하면서 볶아 주세요. (씨를 제거하지 않으면 신맛이 강하게 올라오는 것, 아시죠?)

3) 수분이 없어지면 맥주를 넣어 수분이 날아갈 때까지 볶아 주세요. 여기에 월계수 잎과 토마토 소스를 넣고 자작하게 물을 부어 10여 분 중 불에서 끓여줍니다. 월계수 잎을 건져 내고 믹서기에 곱게 갈고 체에 걸러 줍니다.

4) 걸러 낸 소스를 불에 올려 간을 해 주시고 전분 물로 농도를 잡아 주면 완성입니다.

1) 도톰한 소고기는 잘라 두들겨 주시고 소금과 후추로 간을 한 후, 달군 팬에 앞뒤로 구워 줍니다. 핏기가 보이지 않게요.

2) 식빵은 앞뒤로 구워서 모서리는 잘라 주시고 4등분 합니다.

3) 식빵 위에 모차렐라 치즈, 스테이크, 햄 그리고 식빵을 올리고 마지막에 두툼한 스위스 치즈를 올리고 모양이 흐트러지지 않도록 이쑤시개로 찔러 주세요. 그리고 오븐이나 살라만나에 치즈가 녹을 때까지만 구워 주세요.

4) 치즈가 녹으면 접시에 담고, 데운 소스를 샌드위치 위에 부어 주시고 처빌을 올리면 완성입니다. 테이블에 포크와 나이프를 같이 세팅을 해주세요.

> Tip 소스 맛은 맥주의 쌉싸름한 맛과 토마토의 부드러운 단맛이 균형 있게 어우러지면 됩니다. 기호에 따라 신맛이 강하면 약간의 설탕을 쓰셔도 좋겠네요. 고기가 넉넉하게 들어 있기에 소스가 넉넉한 것이 좋겠죠! 야식은 물론, 한 끼의 식사로도 충분합니다.

# 매콤한 홍합 치즈 그라탕

　이탈리아의 홍합 수프를 변형한 요리로, 청양고추나 이태리 고추를 넉넉하게 넣어 안주로서 적합하게 만들어 본 메뉴입니다. 탱탱한 홍합 살과 더불어 남은 소스는 녹인 치즈와 같이 빵에 적셔 먹는 요리로, 튀긴 마늘과 매콤함이 매력적인 안주임은 물론, 손쉽게 만들 수 있는 요리입니다. 홍합 물이 좋은 겨울 철에 자주 즐겼던 메뉴로 재료 선택이 가장 중요합니다.

**재료** 올리브유 30㎖, 편 마늘 10g, 청양고추 ½개, 화이트 와인 40㎖, 홍합 20개, 토마토소스 200㎖ (198p), 피자 치즈 5og, 체다치즈 30g, 이태리 파슬리 3줄기, 장식용 마늘 5개

준비하기

– 장식용 마늘 튀김: 마늘은 아주 얇게 편으로 썰어 얼음 물에 1시간 정도 담가 전분과 진을 빼 주세요. 물기를 제거하시고 기름에 바삭하게 튀겨 주시면 됩니다.

– 홍합 손질: 홍합은 겉에 이물질을 제거하고 살에 붙어있는 수염을 제거해 주세요.

완성하기

1) 팬에 올리브유를 두르고 편 마늘을 넣어 색이 나면 손질한 홍합을 넣어 볶아 주세요. 볶으면서 송송 썬 청양고추도 볶으면서 뚜껑을 덮어 입이 열도록 해 주세요.

2) 와인을 넣어 볶아지면서 홍합 입이 열리고 와인 맛이 날아가면 토마토소스, 다진 이태리 파슬리를 넣어 한 번 끓여 주세요. 기호에 따라 홍합소스의 양을 조절하세요.

3) 끓인 홍합은 간을 조절하시고 푹 파인 철판에 소스와 홍합을 옮겨 담고 두 가지 치즈를 뿌려 200도 오븐에 넣어 치즈가 녹을 때까지만 조리해 주세요.

4) 치즈가 녹은 홍합 그라탕에 넉넉하게 튀긴 마늘과 이태리 파슬리로 장식하면 완성입니다.

Tip 남은 소스는 구운 식사 빵이나 마늘 빵을 적셔 드셔도 좋을 듯합니다. 마늘은 아주 얇게 슬라이스 해서 차가운 물에 1시간 정도 담가, 진을 제거하고 물기를 제거하여 튀겨냅니다.

# 시칠리아식 피스타치오 아란치니

　한국 내에서 시칠리아 음식을 맛볼 수 있는 레스토랑인 츄리 츄리 (Ciuri Ciuri)는 음식 맛은 물론이거니와 파란색의 실내 분위기가 매력적인 곳 중의 하나로, 이곳에서 먹었던 아란치니는 단연코 시칠리아에서 먹었던 맛과 유사했다.

츄리 츄리

　아란치니는 시칠리아의 쌀로 만든 크로켓 형태의 요리로, 오렌지 모양을 본떠 만들었다. 끝이 뾰족한 모양도 있으며 대부분 고기로 만든 라구를 넣어 공 모양으로 만드는데 이건 팔레르모 등의 서쪽 지방에서 주로 만든다. 카타냐를 비롯한 동쪽 지방에서는 고깔 모양으로 만드는데, 카타냐의 아란치니가 더 알아준다. 또한, 고소한 피스타치오 크림은 잘 어울린다.

라구 아란치니

고깔모양 아란치니

**재료(4개 분량)** 쌀 200g, 다진 양파 40g, 버터 30g, 치킨육수 400㎖(212p), 파마산 치즈가루 30g, 소금, 후추 약간씩, 튀김가루 80g, 호밀 빵가루 60g, 피자치즈 40g, 튀김용 기름, 밀가루 40g

**피스타치오 크림** 베샤멜소스 200㎖(202p), 생크림 30㎖, 피스타치오 가루 50g, 파마산치즈 가루 약간, 소금 약간

– 피스타치오 가루: 껍질 벗겨진 피스타치오는 오븐에 연한 갈색이 나도록 굽고, 식힌 후 핸드
  블랜더로 갈아서 준비해 주세요.

– 피스타치오 크림: 베샤멜 소스에 생크림을 넣어 되직하게 졸인 후, 피스타치오 가루를 넣어
  혼합해 주세요. 이때 간은 파마산 치즈를 넣고 부족하면 소금으로 간을 해 주세요.
– 호밀 빵가루: 드시고 남은 호밀 빵을 말려서 믹서기에 갈아 체에 내려서 사용합니다. 부드러
  운 빵가루를 사용하면 이탈리아식 느낌이 나지 않습니다. 굳이 호밀 빵이 아닌 식사용 빵을
  갈아서 사용하시거나 건조 빵가루도 좋습니다.

1) 팬에 버터를 두르고 양파와 쌀을 넣어 볶은 후 치킨 육수를 부어 가면서 익혀 줍니다. 쌀이
   거의 익을 때까지 육수를 넣기를 반복하여 마지막에 간을 하고 불을 끈 후 파마산 치즈와 버터

를 넣어 섞어 줍니다. 리조토는 간을 약하게 하면 원하는 식감과 풍미가 나지 않는 것에 주의
하시고 넉넉히 간을 해 주세요.

2) 완성된 리조토는 접시 위에 비닐을 깔고 얇게 편 후 냉장고에 넣어 굳을 때까지 식혀 줍니다.
이때 식지 않으면 모양을 잡기가 힘들거든요.

3) 위생 비닐 장갑을 끼고 식은 리조토를 잡고, 피스타치오 크림과 치즈를 속에 채운 후 세지 않
도록 여러 번 두 손으로 봉합을 해 줍니다.

4) 봉합한 아란치니는 끝이 뾰족하게 고깔모양으로 만듭니다. 다시 밀가루를 살짝 발라서 튀김
가루 물에 흠뻑 담가 줍니다.

5) 마지막에 호밀 빵가루를 묻히고 170도 기름의 약한 온도에서 튀겨 주면 완성입니다.

기름 온도가 높으면 아란치니 내부가 갈라질 수 있고 소가 흘러나올 수 있으
니 조심해 주세요. 튀김반죽 물은 튀김가루에 물을 넣어 흐를 정도로 농도를
조절해 주세요.

# 호박잎 리조토 크로켓

나는 어릴 적 호박잎 쌈을 좋아했다. 소울 푸드로 간직한 음식 이었고 가끔 야식으로 호박잎과 줄기를 리조토에 넣어 크로켓 형태로 변화를 주어 맛있게 먹었던 것으로 기억한다.

**재료(6개 분량)** 호박잎 7장, 버터 20g, 쌀 180g, 다진 양파 20g, 화이트 와인 20㎖, 치킨 육수 400㎖(212p), 파마산치즈 가루 20g, 소금, 후추 약간씩, 피자치즈 30g, 튀김가루 100g, 얼음 2조각, 노른자 1개, 젖은 빵가루 1컵, 루콜라 10g, 방울 토마토 2개, 밀가루 약간

- 호박잎 데치기: 끓는 소금물에 호박잎을 살짝 데쳐 물기를 제거하고 잎 1장과 줄기는 다져 주세요. 그리고 잎을 도마 위에 펴 주세요.

- 리조토 만들기: 팬에 버터를 넣고 양파를 볶다가 쌀을 넣어 연한 갈색 빛이 나도록 볶아 주세요. 와인을 넣어 날려 주시고 육수를 부은 후, 거의 익을 때쯤에 다진 호박잎과 줄기를 넣고 간을 합니다. 마지막에 버터, 치즈 등을 넣어 리조토를 완성해 주세요. 리조토는 싸기 편하게 냉장고에 넣어 굳혀 주세요.

1) 호박잎에 식은 리조토 두 숟가락 정도를 올리고 말아 주세요.

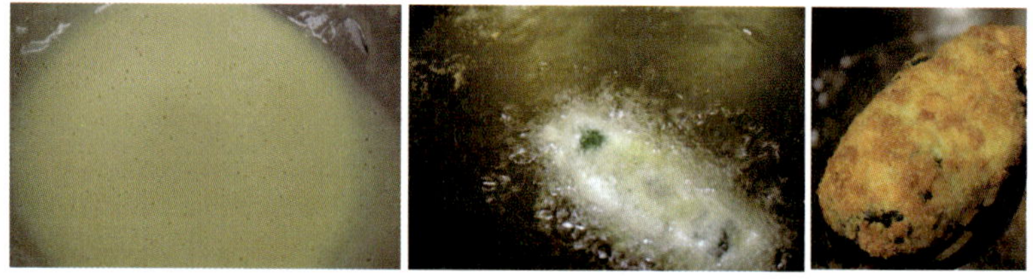

2) 튀김가루에 노른자 한 개와 소량의 물과 얼음을 넣어 농도를 맞춰 주세요. (너무 흐르지 않도록 해 주세요.)

3) 호박잎 말이는 소량의 밀가루를 묻히고 튀김 옷을 적신 후, 마지막으로 젖은 빵가루를 묻히고 180도 정도의 튀김기름에 튀겨 주시면 완성입니다.

기호에 따라 * 아이올리 소스를 곁들여도 좋을 듯해요.
* 아이올리 소스는 올리브유로 만든 마요네즈에 마늘과 레몬즙을 넣어 만든 소스입니다.

# 수란을 곁들인 브로콜리니 볶음

‘브로콜리순’ 혹은 ‘브로콜리니’라고 불리는 채소로, 브로콜리보다 연한 대를 가지고 있어 여러가지 요리에 활용이 가능하다. 국내에서 아직 보급이 많은 편은 아니지만, 특정 마트에서 비싸게 거래된 적이 있었는데 이탈리아에서 스프나 파스타에 넣어 맛있게 먹었던 기억이 난다. 이탈리아 유학 시절의 추억을 되살리기에 적합했던 야식으로 만들었던 기억이 있다. 파스타는 물론 채소 요리 만으로도 훌륭한 요리가 된다.

브로콜리니

**재료** 브로콜리니 150g, 올리브유 10㎖, 통삼겹살 슬라이스 70g, 다진 마늘 3g, 이태리 고추 혹은 청양고추 약간, 소금, 후추, 버터 10g, 파마산 치즈 20g, 달걀 1개, 식초 20㎖

– 브로콜리리니 준비: 브로콜리니의 딱딱한 밑 부분까지 제거하고 감자 필러를 이용해서 껍질을 벗겨 줍니다. 끓는 소금물에 순이 부드러워질 때까지 삶은 후, 얼음물에 넣어 물기를 제거해 줍니다.

– 수란 준비하기: 냄비에 달걀이 잠길 정도로 물을 담고 소금과 약간의 식초를 넣어 물을 끓여 줍니다. 끓는 물을 약불로 줄이고 물 기포가 줄어들면 젓가락으로 빠르게 물을 젓고, 볼에 깨 놓은 달걀을 조심스럽게 부어 줍니다. 물이 돌아가면서 노른자를 감싸며 익어 가는 걸 볼 수 있죠. 흰자가 익으면 떠오르게 되는데, 그때 조심스럽게 건져 냅니다.

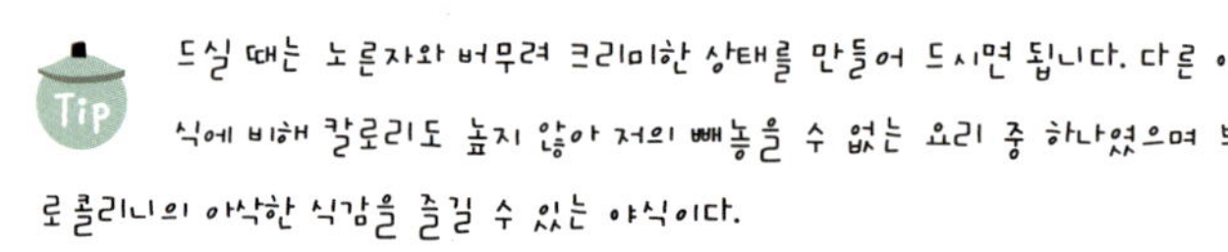

1) 팬에 소량의 기름을 두르고 삼겹살을 볶습니다. 이때 지나친 기름은 따라내 버려 주시고, 고기에 기본 간을 합니다. 다진 마늘과 고추를 넣어 다시 볶으면서 데친 브로콜리니를 같이 볶아 줍니다.

2) 볶으면서 전체적으로 소금, 후추 간을 하고 불을 끈 후 버터를 넣어 풍미를 더해 줍니다.

3) 접시에 볶은 브로콜리니와 삼겹살을 올리고 수란을 올려 주신 후, 파마산 치즈 가루를 뿌려 완성합니다.

> Tip 드실 때는 노른자와 버무려 크리미한 상태를 만들어 드시면 됩니다. 다른 야식에 비해 칼로리도 높지 않아 저의 빼놓을 수 없는 요리 중 하나였으며 브로콜리니의 아삭한 식감을 즐길 수 있는 야식이다.

# 뚱딴지 라비올리 튀김

이탈리아 시칠리아 파스타에 '쿠르조네스(Curzones)'라고 하는 감자 라비올리가 있는데, 내용물과 모양에 변화를 줬고 감자대신 뚱딴지인 돼지 감자를 반죽으로 사용했다. 또한 소를 채워 바삭한 질감을 추가했다. 이색적인 야식으로, 기호에 따라 토마토소스를 곁들이면 달콤한 맛을 조절하는 데 도움이 될 것이다.

뚱딴지                    쿠르조네스

준비하기

- 빵가루: 식빵은 모서리를 제거하고 프로세서에 곱게 갈아 주세요.
- 라비올리 소 준비: 팬에 버터를 두르고 양파, 샐러리, 새우, 마늘 순으로 볶은 후 밑간을 살
  짝 해 주시고, 볼로 옮겨 생크림과 파슬리를 넣어 갈아 주세요. 마지막으로 파마산 치즈 가루
  를 넣고 간을 조절해주세요.

### 라비올리 만들기

1) 돼지 감자는 껍질을 벗겨 소금물에 단시간 삶아 체에 내리고 밀가루, 소금, 후추, 치즈 등을
   넣어 반죽합니다.
2) 작업 테이블에 비닐을 깔고 0.3㎝ 두께로 반죽을 밀고 원형 틀로 모양을 잡고 중앙에 소를 올
   리고 버터 조각을 올려 반달로 봉합을 하시고 달걀 물을 발라 빵가루를 넉넉하게 묻혀주세요.
   (기호에 따라 반죽에 파마산 치즈 가루를 넣어 양념하셔도 좋습니다.)

1) 토마토소스는 핸드 블랜더로 살짝 갈아 체에 내려서 준비해 주세요.

2) 170도 정도의 기름에 라비올리는 노릇하게 튀겨 주세요.

3) 접시에 라비올리를 담고 소스를 붓고 선 드라이 토마토, 리코타 치즈, 처빌로 장식해 주시면 됩니다.

토마토소스 대신 차갑고 묽은 토마토 수프로 만들어 사용해도 좋습니다.

# 밀라노풍의 야채 수프

　밀라노의 맑은 국물 수프는 베로나 스텝들에게는 해장음식 중 하나였다. 회식 다음 날이면 어김없이 이 수프를 끓이는 날이 많았다. 그만큼 속을 달래기에 적합한 수프로 기억한다.

　또한, 국내 라면 시장에서 맑은 국물 라면이 히트를 기록한 적이 있었는데, 그 맛을 흉내 내기 위해 만들었던 것으로, 재료에서 만 순수한 맛을 내어 스텝들에게 사랑을 받았던 음식이었고 나 또한 이 수프를 좋아했다. 기대하지 않은 흔한 재료에서 나오는 상상 이상의 맛으로, 닭 가슴살을 이용해서 넉넉하게 끓여 만들면 시원하고 깊은 국물 맛이 우러난다.

　이 수프는 보통 시금치나 쌀이 들어가는 것이 특징인데, 나는 여기에 알파벳 파스타와 아욱을 보충해서 만들어 즐겼다.

**재료**　닭 가슴살 1개, 양파 50g, 당근 30g, 애호박 30g, 으깬 마늘 1개, 올리브유 20㎖, 타임 2줄기, 화이트 와인 15㎖, 아욱 80g, 알파벳 파스타 30g, 파마산 치즈 가루 10g, 불린 쌀 20g, 소금, 후추 약간씩

준비하기

**재료 준비**

1) 양파, 당근은 사방 2㎝x2㎝ 정도로 썰어 주세요. 애호박은 씨 부분은 도려내고 같은 크기로 썰어 줍니다.
2) 닭 가슴살은 주사위 모양으로 잘라 주시고, 아욱은 대 부분을 제거하여 부드러운 잎만 끓는 소금 물에 데쳐 물기를 제거 한 후 거칠게 다져 주세요.

1) 냄비에 올리브유를 두르고 으깬 마늘, 타임을 넣어 향을 내시고 튀겨지면 들어냅니다. 채소는 양파, 당근, 호박 순으로 볶고 닭 가슴살을 넣고 볶다가 와인을 넣어 신맛이 날아가면 찬물을 붓고 약한 불로 천천히 익혀 주세요. 이때 데친 아욱, 알파벳 파스타와 쌀을 넣고 10여 분 정도 끓여 줍니다.

2) 파스타와 쌀이 푹 삶아지고 닭 국물 맛이 우러나면 소금, 후추로 간을 하고 마지막에 파마산 치즈 가루를 넣어 풍미를 살려 주세요.

3) 볼에 담고 여분의 치즈를 뿌려 완성합니다.

깊고 시원한 닭 국물 맛이 나지 않았다면, 시간을 가지고 좀 더 끓여 주시면 됩니다.

# 앤초비 밥 버거

베로나의 주말은 웨딩 손님으로 무척이나 바빴던 것으로 기억한다.
정신없이 메뉴를 제공하고 나면 허기진 배를 채웠던 것은 김치 고명이
올려진 잔치국수와 볶음밥이었다. 잔치국수의 시원한 국물 맛은 영원
히 잊지 못할 것이다. 또한, 알폰소는 볶음밥에 여러 가지 양념을 가미
해서 소고기 패티와 같이 야식으로 즐기곤 했다.

**재료(2개 분량)** 피자 치즈 60g, 양파 ½개, 밥 1공기, 시치미 10g, 김 가루 약간,
참기름 5g, 흑임자 3g, 다진 앤초비 1마리, 고춧가루 약간, 데리야끼소스 100ml,
베이비 믹스 야채 20g
**소고기 패티** 소고기 민찌 120g, 다진 양파 40g, 다진 샐러리 10g, 다진 마늘 3g,
소금, 후추 약간씩, 양 겨자 5g, 빵가루 30g, 달걀 물 약간

- 소고기 패티: 민찌는 다시 한 번 다져 볶은 양파, 샐러리와 마늘, 겨자, 빵가루, 달걀 물과 소금, 후추 등을 넣어 간을 하고 치대 주세요. 간이 맞는지 소량을 떼어 구워 보는 것도 좋습니다. 치대서 끈기가 생기면 패티를 편 다음, 치즈를 넣고 봉합을 하여 편편히 펴 주세요. (잘 치대지 않으면 패티가 갈라져 치즈가 흘러나올 수 있습니다.)
- 양파 구이: 양파는 두께 1~1.5㎝의 링 모양으로 잘라서 팬에 기름을 두르고 간을 하고 연한 갈색이 날 때까지 볶아 주세요.

- 주먹밥 양념: 밥은 질지 않은 것으로 준비하시고 시치미, 김 가루, 다진 앤초비, 참기름, 고춧가루 등을 넣어 주먹밥을 만든 후, 비닐을 깔고 원형의 틀 안에 주먹밥을 넣어 형태를 잡아 주세요.

1) 소량의 기름을 두른 팬에 소고기 패티를 앞뒤로 굽고, 데리야끼소스와 소량의 물을 넣어 끓인 후 볶은 양파를 넣고 180도 오븐에서 5분 정도 구워 주세요. (구울 때 슬라이스 치즈를 꺼내기 몇 분 전에 올려 주셔도 좋습니다.)

2) 접시에 주먹밥, 구운 패티, 양파 순으로 올리고 남은 데리야끼소스를 위에서 부은 후, 마지막에 베이비 채소를 올려 마무리합니다.


소고기 패티는 완전히 익혀 주시고, 오븐에 굽고 나온 패티는 이쑤시개를 이용해 내부 온도를 체크하여 익은 정도를 확인할 수 있습니다. 패티에 돼지 민찌를 1/3 정도 섞어 사용하시면 조금 더 부드럽게 드실 수 있습니다.

가지 카넬로니
매콤한 영계 오븐구이
가지 오븐구이
닭고기 롤과 감자구이
요구르트 소스를 곁들인 연어 스테이크
이탈리안식 오징어 튀김
새콤달콤한 닭 가슴살 구이
올리브 튀김
프레골라를 넣은 오징어 순대
파마산 치즈와 문어 튀김
렌치 드레싱을 곁들인 게살 튀김과 샐러드
스페인식 문어 샐러드
버섯 크로스티니

B
오늘은
안주로
뭘 먹지?

# 가지 카넬로니

　이탈리아 요리에 가장 흔히 사용되는 재료가 가지인데 그만큼 훌륭한 맛을 낼 수 있는 재료로, 단맛이 강하고 과육이 단단하여 그라탕에 아주 잘 어울린다. 이 메뉴는 이탈리아 요리의 가지 그라탕을 기본으로 하여, 가지를 파스타인 카넬로니(cannelloni)로 만들어 약간의 형태를 변형시켜 색다른 맛을 낸 안주이다.

**재료**　소고기 패티(41p) 200g, 올리브유 20㎖, 가지 2개, 프레시 모차렐라 1봉, 체다치즈 슬라이스 2장, 피자치즈 50g, 토마토소스 200㎖(198p), 바질 2줄기, 다진 이태리 파슬리 5g, 소금, 후추 약간, 밀가루 약간, 파마산 치즈 10g

- 가지 구이: 가지는 슬라이스 기계로 약 0.5㎜ 두께로 길쭉하게 자르고 소금을 앞뒤로 뿌린 후, 30분 후에 물기를 제거하고 밀가루를 발라 노릇하게 구워 줍니다.

- 완자 굽기: 고기 소를 20g씩 나눠 길쭉한 모양으로 만들어 팬에 기름을 두르고 거의 다 익혀 줍니다.

- 가지 말이: 모차렐라 1봉은 10 등분으로 슬라이스 하여 준비해 주세요. 구운 가지 위에 토마토소스를 바르고 고기 완자를 올린 후, 모차렐라 치즈 슬라이스 한 쪽과 채 썬 바질을 올려 돌돌 말아 주세요.

1) 팬에 토마토소스를 담고 간격을 띄워 가지 롤을 올리고 피자치즈와 체다치즈를 골고루 뿌려 줍니다. 약 190도의 오븐에 넣어 5분 정도 굽고, 색이 덜 나면 살라만다에 올려 진하게 색을 내 줍니다.

2) 마지막에 파마산 치즈가루, 다진 파슬리와 바질로 장식하여 완성합니다.

가지를 절일 때, 소금은 골고루 뿌려 짜지 않도록 합니다.

# 매콤한 영계 오븐구이

이탈리아 요리 유학 시절, 나폴리 근교의 '오아시스 레스토랑'의 요리사 루치아에게 배운 허브 삼겹살 감자 구이를 모체로 한 안주로, 한입 크기의 영계를 곁들여 오븐구이로 만들었다. 닭이 싫다면 통삼겹살도 잘 어울린다. 이 메뉴는 맥주 안주에 좋을 것 같다며 블로거들에게 큰 인기를 받았던 메뉴였다.

**재료** 영계 1마리, 감자 2개, 통마늘 3개, 통후추 10g, 이태리 파슬리 5줄기, 올리브유 100㎖, 월계수 잎 3장, 파프리카 파우더 10g, 양파 1개, 박력분 150g, 튀김용 기름, 방울 토마토 5개, 토판염 100g, 로즈마리 10줄기, 타임 10줄기, 다진 이태리 파슬리 5g

**재료 손질하기**

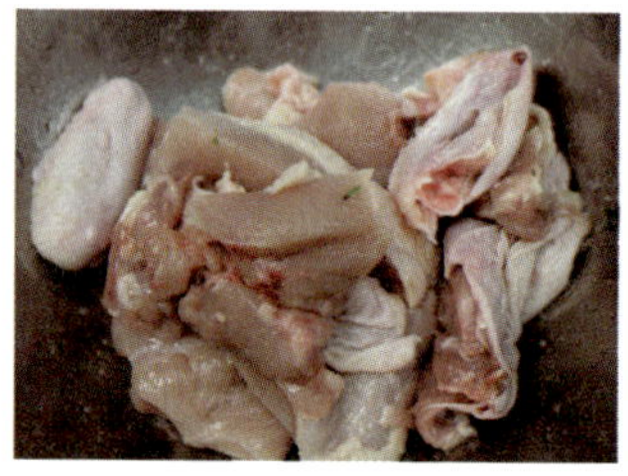

1) 영계는 닭볶음탕과 같은 한입 크기로 손질하여 잘라 주세요.

2) 통마늘은 물에 세척하고 윗부분을 살짝 잘라내는데, 마늘이 보일 정도로 잘라 주세요. 겉 껍질은 한 층만 제거해 주시고 지저분한 밑동도 잘라줍니다.  감자는 껍질 채로 씻어 웨지 모양으로 6등분을 해 주세요.

- 허브소금: 로즈마리와 타임은 잎만 떼어내 토판염에 섞어 핸드 블랜더로 갈아 주세요. (줄기가 있으면 잘 갈리지 않으니 제거해 주세요.)

- 양파 링 튀김: 양파는 링 모양으로 슬라이스 기계로 잘라서 소금과 후추로 간을 한 후, 바로 밀가루만 입혀 여분의 밀가루를 제거하고 튀김기름에 파삭하게 튀겨 냅니다. (양파를 물에 씻으면 파삭한 질감이 나오지 않으며, 간을 한 양파는 물이 나오기 전에 빨리 밀가루를 입혀 튀기는 것이 좋습니다.)

- 파프리카 오일: 넉넉한 올리브유에 다진 이태리 파슬리 약간, 파프리카 파우더와 소량의 후추를 섞어 주시면 됩니다.

1) 감자, 영계, 향초(로즈마리 2줄기, 이태리 파슬리 3줄기), 통 후추, 통 마늘, 올리브유 약간을 넣고 준비한 허브 소금을 조금만 뿌려 초벌 양념을 합니다.

2) 실리콘 페이퍼를 깐 사각팬에 골고루 펼쳐 200도 오븐 온도에 10여 분 구워 줍니다. 5분이 지나 한쪽에 색이 나면 뒤집어 다시 5분 정도를 돌려 굽습니다. 내용물이 거의 익어 가면 다시 꺼내 닭고기에만 파프리카 오일을 골고루 발라 줍니다.

3) 완성하기 2분 전에 온도를 180도로 낮추고 방울 토마토를 넣어 조리합니다.

4) 접시에 양파 튀김을 먼저 깔고 내용물을 골고루 옮겨 담고 이태리 파슬리를 올리면 완성입니다.

Tip 초벌에 사용한 허브소금은 밑간을 할 정도로 적게 사용하시고, 요리가 완성된 후에 싱거우면 사용하시는 것이 좋습니다. 양파 튀김을 따로 드셔도 훌륭한 안주가 될 수 있습니다.

# 가지 오븐구이

브런치 메뉴의 '지옥에 빠진 달걀(Eggs in hell)' 요리와 이태원 시카고 피자의 가지 튀김을 접목하여 새로운 메뉴로 만들어 봤다. 이 요리는 베로나 레스토랑의 프로모션에 이용한 메뉴인 동시에, 스텝들이 무척 좋아했던 메뉴 중 하나로 기억한다. 특히, 베로나 지배인 김미나씨가 애착이 강해 식탐을 냈던 메뉴였다.

지옥에 빠진 달걀

**재료**  피자치즈 50g, 체다치즈 30g, 달걀 1개, 파마산치즈 가루 20g, 베이비 루콜라 10g, 수란 1개(33p), 파마산 치즈 20g, 다진 이태리 파슬리 5g
**가지 튀김**  가지 1개, 튀김가루 90g, 튀김용 기름, 감자전분 30g, 소금, 후추
**매콤한 토마토소스**  채썬 소고기 안심 70g, 양파 슬라이스 30g, 다진 마늘 3g, 올리브유 10㎖, 파프리카 파우더 3g, 이태리 고추 1개, 칠리소스 20㎖, 소금, 후추 약간씩, 토마토소스 300㎖(198p), 바질 슬라이스 2장

준비하기

## 재료 손질하기

가지는 세로로 4등분하여 딱딱한 씨가 있으면 윗부분을 도려내고 어슷썰기 하여 준비합니다.

– 수란: 소금과 식초를 넣은 끓는 물을 젓가락으로 저어 불을 줄인 후, 달걀을 천천히 넣어 가운데로 몰아 수란을 완성합니다.

– 매콤한 토마토소스: 팬에 오일을 두르고 양파, 마늘, 소고기 순으로 볶고, 이태리 고추, 칠리소스 마지막에 파프리카 파우더를 넣어 볶고 토마토 소스를 넣어 한 번 끓인 후, 바질을 넣고 파에야 팬에 담습니다.

– 가지 튀김: 가지는 소금, 후추로 간을 하고 튀김가루와 전분을 섞어서 묻히고 튀김 기름에 노릇하게 튀겨냅니다. 튀겨낸 가지는 파마산치즈와 파프리카 파우더 약간과 파슬리 가루를 뿌립니다.

1) 파에야 팬에 담긴 소스에 피자치즈와 체다치즈를 올려 190도 오븐에 3분 정도 조리합니다.

2) 오븐에서 꺼낸 후, 튀긴 가지와 수란 그리고 루콜라를 올려 마무리합니다. 수란에 소량의 간을 하는 것도 좋습니다.

가지는 미리 튀겨 내지 말고 오븐 안에 토마토 치즈소스가 완성될 쯤에 튀겨 내는 것이 바람직합니다. 구운 가지 맛을 선호한다면 치즈 올린 팬에 튀긴 가지를 올려 오븐에 구워도 맛이 좋습니다.

# 닭고기 롤과 감자구이

　닭고기는 잘못 조리하면 질긴데 이 야식은 향초 빵가루를 닭고기 롤에 넣어 속이 부드럽고 촉촉한 상태로 즐길 수 있게 만든 메뉴였다. 보통 야식은 15분 안에 해결할 수 있는 메뉴를 선택해서 즐겼는데, 이 요리는 30분 정도가 걸렸지만 기다림에 부응이라도 하듯 온 스텝들이 무척 좋아했던 것으로 기억한다.

**재료**　영계 1마리, 감자 2개, 데친 아스파라거스 4개, 고다 치즈 40g, 올리브유 20㎖, 다진 마늘 2g, 로즈마리 3줄기, 샤프란 2g, 선 드라이 토마토 4개(214p), 베이비 루콜라 20g, 버터 30g, 으깬 마늘 2개

**향초 빵가루**　식빵 2장, 이태리 파슬리 15g, 바질 2줄기, 소금, 후추 약간씩, 파마산 치즈 가루 20g,

**재료 손질하기**

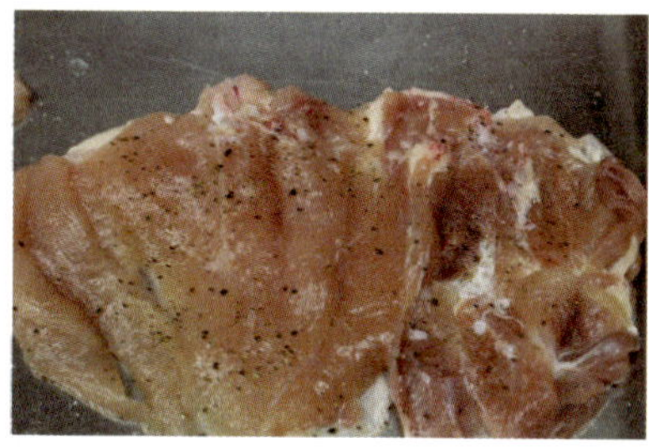

- 영계 손질: 영계는 뼈를 발라 주세요. (날개와 다리 부분에도 뼈를 발라 주시고 살쪽에 힘줄 부분도 제거해 주세요.) 가급적 닭 표면에 흠집이나 구멍이 나진 않도록 해 주세요. 한 마리에서 뼈를 제거하면 크게 한 장이 준비되는데 반으로 잘라 두 장를 준비합니다.

- 향초 빵가루: 식빵 모서리는 잘라 내고 푸드 프로세서에 넣고 줄기만 떼어 둔 바질과 이태리 파슬리를 넣고 곱게 갈아줍니다. 갈아 놓은 빵가루에 다진 마늘, 올리브유 약간, 파마산 치즈 가루, 소금, 후추로 간을 하여 촉촉하게 만들어 주세요.

- 감자 구이: 감자는 껍질을 벗겨 주사위 모양으로 2.5cmx2.5cm 자르고 찬물에 소금, 샤프란 줄기를 넣어 노란색이 빠지면 물에 삶아 주세요. 감자는 ⅔ 정도만 익힌 후 꺼내 체에 받쳐 물기를 제거해 두세요. 감자는 팬에 버터를 넣고 약 불에서 감자 색깔을 내면서 속을 완전히 익혀 줍니다. 부족한 간을 해 주시고 익은 감자에 다진 파슬리를 묻혀 주세요.

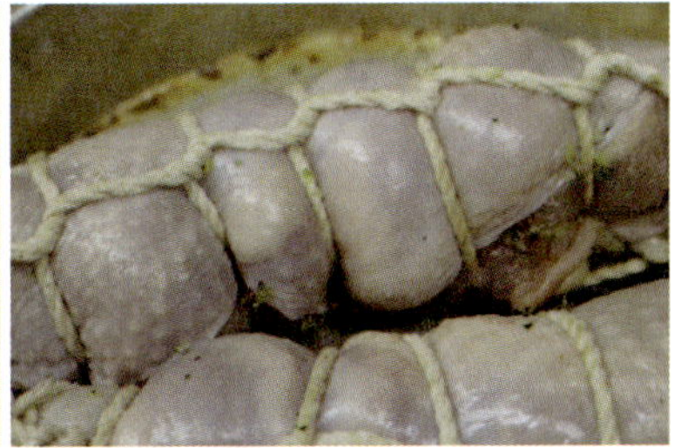

- 영계 롤 만들기: 영계 살 쪽에 소금, 후추 간을 한 후 향초 빵가루를 골고루 펴 주시고, 이등분한 데친 아스파라거스, 스틱으로 자른 고다 치즈를 올려 돌돌 말아 주세요. 조리용 실을 이용해서 모양이 흐트러지지 않도록 촘촘하게 묶어 주세요.

1) 팬에 올리브유를 두르고 으깬 마늘과 로즈마리를 넣어 향을 낸 후, 영계 롤을 넣어 갈색으로 겉을 구워 줍니다.

2) 200도 오븐에서 10여 분 굽고, 접시에 구운 감자를 깐 후 실을 제거하여 한입 크기로 자른 영계 롤을 올려 주시면 됩니다. 마지막으로 선드라이 토마토와 루콜라를 얹어 주시면 완성입니다.

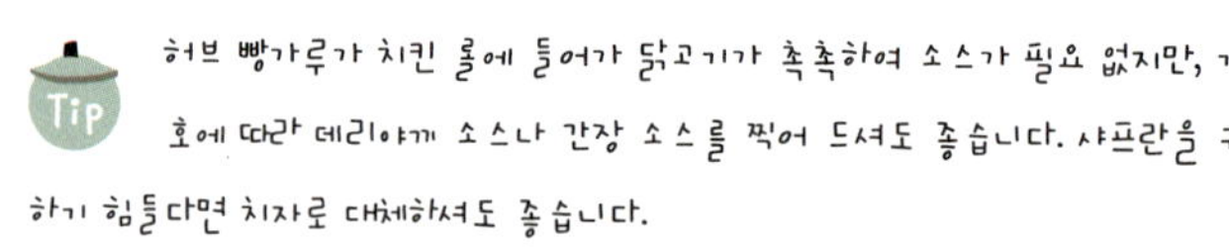


허브 빵가루가 치킨 롤에 들어가 닭고기가 촉촉하여 소스가 필요 없지만, 기호에 따라 데리야끼 소스나 간장 소스를 찍어 드셔도 좋습니다. 샤프란을 구하기 힘들다면 치자로 대체하셔도 좋습니다.

# 요구르트 소스를 곁들인 연어 스테이크

알폰소의 야식은 보통 베로나와 카페 주방에 있던 재료로 조달했지만, 연어는 신선한 것이 없어서 매번 출근 전에 마트에 들러 구매를 했었다. 이날 연어 가격은 3천 원이었지만 3만 원짜리 스테이크를 먹었다며 팀원들은 무척이나 좋아했었던 것으로 기억한다.

**재료**  연어 살 120g, 감자1개, 로즈마리 2줄기, 타임 3줄기, 샤프란 2g, 선 드라이 토마토 3개(214p), 베이비 루콜라 20g, 소금, 후추 약간씩, 버터 40g

**요구르트 소스**  플레인 요구르트(小) 1개, 소금, 후추, 레몬즙 10㎖, 다진 피스타치오 5g, 다진 이태리 파슬리 약간

– 요구르트 소스: 플레인 요구르트에 소금, 후추, 다진 이태리 파슬리 약간, 레몬즙 그리고 다진 피스타치오를 섞어서 준비합니다.

## 감자 구이

1) 감자는 껍질을 벗겨 2.5㎝x2.5㎝ 크기의 주사위 모양으로 자르고 물에 소금, 샤프란 줄기를 넣어 물에 삶아 주세요. 감자는 ⅓ 정도 익지 않은 상태로 꺼내 주세요.

2) 감자는 팬에 버터를 넣고 약 불에서 감자 색깔을 내면서 속을 완전히 익혀 줍니다. 부족한 간을 해 주시고 익은 감자는 다진 파슬리와 파마산 치즈를 묻혀 주세요.

1) 연어 살에 소금, 후추로 간을 하고 다진 향초(로즈마리, 타임)에 앞뒤로 발라 줍니다.

2) 팬에 버터를 두르고 연어는 겉을 진하게 구워 주시면 됩니다. 버터를 끼얹어 가면서 바싹 해 지면, 달궈진 팬에 구운 감자를 담고 위에 연어 스테이크를 올리고 루콜라와 선 드라이 토마 토, 루콜라를 장식해 주시고 여분의 남은 피스타치오 가루도 소스 위에 뿌려 완성합니다.

연어와 상큼한 플레인 요구르트 소스가 매칭이 잘되며, 피스타치오와의 궁합 도 이상적입니다.

# 이탈리안식 오징어 튀김

베로나에 단기간 근무를 한 비토 비앙코 셰프가 만든 칼라마리 샐러드에서 모티브를 얻어 만들어진 야식이다. 오징어 몸통을 전부 자르지 않고 굽고 볶았을 때 링 모양이 연결되어 이색적인 모양이 나왔는데, 이 모양을 이태리식 칼라마리 튀김으로 변화를 준 오징어 안주였다.

셰프 비토 비앙코

**재료** 물오징어 1개(中), 양파 1개, 튀김용 기름, 이태리 파슬리 3줄기, 박력분 1컵

**살사** 이태리 토마토 1개, 다진 이태리 파슬리 약간, 다진 보라색 양파 10g, 타바스코 약간, 소금, 후추 약간

**튀김 밀가루** 튀김가루 1컵, 전분50g, 세몰리나 가루20g, 파프리카 파우더10g, 소금, 후추 약간씩

- 오징어 손질: 오징어는 촉수를 빼고 내장과 눈을 제거하여 몸통의 껍질을 벗겨 주세요. 몸통
  에 1.5㎝ 간격으로 자르는데 끝이 2㎝ 정도 남도록 잘라 주세요.

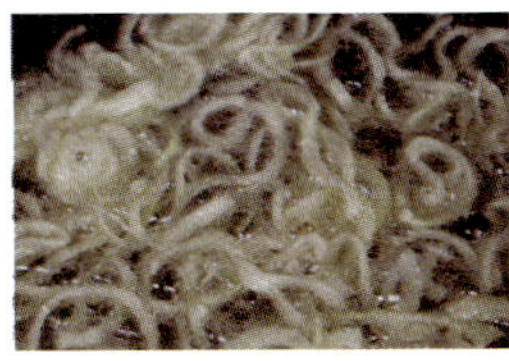 

- 양파 튀김: 양파는 링 모양으로 슬라이스 기계로 잘라서 소금과 후추로 간을 한 후, 바로 밀
  가루만 입혀 여분의 가루를 털어내어 튀김기름에 파삭하게 튀겨냅니다. (양파를 물에 씻으면
  파삭한 질감이 나오지 않으며, 간을 한 양파는 물이 나오기 전에 빨리 밀가루를 입혀 튀기는
  것이 좋습니다.)

- 살사 준비: 토마토는 물에 데쳐 씨를 제거하여 토마토는 작은 주사위 모양으로 잘라 주세요. 토마
  토에, 소금, 후추, 다진 보라색 양파, 파슬리가루, 타바스코 소스를 약간씩 넣어 맛을 내주세요.

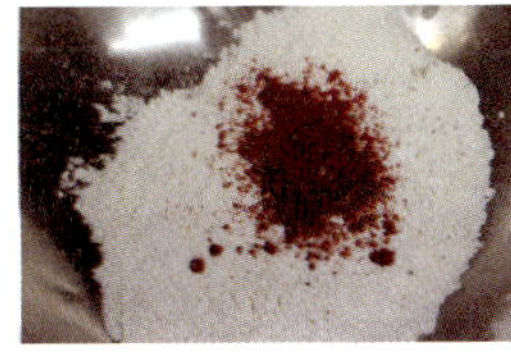 

- 오징어 튀김가루: 튀김가루, 전분, 세몰리나 가루, 후추, 파프리카 가루를 넣어 섞어 주세요.

1) 오징어는 튀김가루를 골고루 묻혀 170도 정도하는 기름에 노릇하게 튀겨냅니다.

2) 파에야 팬에 기름 종이를 깔고 튀긴 양파, 튀긴 오징어를 올린 후, 파슬리를 올리고 살사를 곁들이면 완성입니다.

세몰리나 가루는 파삭한 식감을 주지만 지나치게 많이 들어가면 튀김 질감이 탁탁할 수도 있으니, 주의 바랍니다. 살사 대신 마늘을 넣은 아이올리 소스와도 잘 어울립니다.

# 새콤달콤한 닭 가슴살 구이

I.C.I.F 요리학교 유학시절 뿔닭 가슴살을 이용하여 만든 요리로, 향초 빵가루를 입혀 오븐에 구운 후 새콤달콤한 소스로 곁들여 먹었다. 그 기억에 사로잡혀 야식으로 만들어 봤는데, 고구마 퓨레를 첨가하여 달콤하고 부드러운 식감을 줘 봤다.

**재료**  닭 가슴살 2개, 식빵 가루 60g, 고다 치즈 슬라이스 1장, *모르타델라 2장, 소금, 후추 약간씩, 다진 이태리 파슬리 5g, 루콜라 20g

**고구마 퓨레**  고구마 ½개, 생크림 ½ 컵, 파마산치즈 가루 10g, 소금, 후추 약간씩

**캐러멜 소스**  방울 토마토 6개, 보라색 양파(채썰고 데친) 30g, 냉동 라즈베리 70g, 설탕 30g, 버터 20g, 화이트 와인 식초 10ml, 소금, 후추 약간씩

* 모르타델라는 이탈리아 볼로냐의 원산지인 소시지로 돼지지방과 피스타치오가 들어간 것이 특징이다.

- 고구마 퓨레: 삶은 고구마는 껍질을 벗겨 믹싱 볼에 데운 생크림과 파마산 치즈가루와 소금, 후추로 간을 한 후 핸드 블랜더로 갈아서 준비한다. (퓨레 농도는 묽지 않도록 만든다.)

**닭 가슴살 준비**

1) 닭 가슴살은 한쪽이 떨어지지 않도록 포를 떠서 작업 테이블에 비닐을 깔고 살살 두들겨 넓게 펴 주세요.
2) 가슴살 안쪽에 간을 한 다음, 이등분한 치즈와 모르타델라, 고구마 퓨레를 넣고 떨어지지 않도록 잘 봉합해 주세요.
3) 식빵 가루를 앞뒤로 묻혀 주세요. 식빵에 다진 향초를 섞어서 만드셔도 좋습니다.

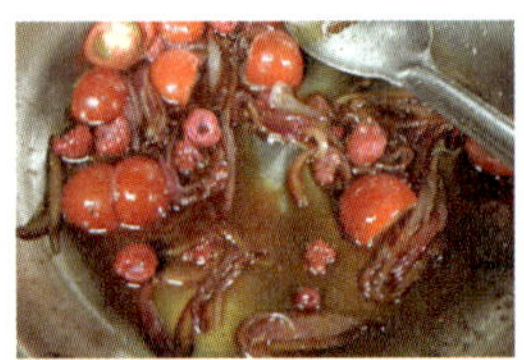

- 소스 준비: 팬에 설탕과 버터를 넣어 진한 캐러멜 색이 나면 데친 양파, 이등분한 방울토마토, 라즈베리, 식초를 넣어 새콤달콤한 맛을 내주고 마지막에 소금, 후추로 간을 하여 준비해 주세요. 간혹 설탕이 굳을 경우, 뜨거운 육수나 소량의 물을 넣어 풀어 주시면 됩니다.

1) 팬에 버터를 넣어 녹이고 닭 가슴살 한쪽의 색을 낸 후 뒤집어 실리콘 페이퍼를 깔고 180도 하는 오븐에 10분 미만으로 구워 냅니다.

2) 익은 정도는 닭 가슴살 중앙에 이쑤시개를 찔러 확인할 수 있고 이쑤시개를 입술에 대어 봤을 때 따뜻하면 속이 익은 것으로 보시면 됩니다.

3) 접시에 담고 준비한 캐러멜 소스를 뿌리고 루콜라와 파마산 치즈 가루를 뿌리면 완성입니다.

# 올리브 튀김

'올리베 알라스콜라나(Olive all´ ascolana)'라는 요리로, 이탈리아 피체노 (Piceno) 도시의 대표적인 요리다. 이곳을 여행하다 보면 카페에서 쉽게 볼 수 있는 한입 크기 음식으로, 와인 안주로 혹은 요깃거리로 사랑을 받아 온 메뉴다. 관광객들의 한 손에는 올리브 튀김 봉지가 쥐어질 정도로 인기가 많은 짭조름한 와인 안주다. 이탈리아 기행 중 가장 좋아했던 것이었으며, 그 올리브 튀김 맛을 잊지 못하여 매번 즐겨 먹곤 했다.

**재료**  초록색 올리브(씨 있는) 20개, 호밀 빵가루 2컵, 달걀 2개, 밀가루 40g, 스파게티니 면 5개

**올리브 소**  소고기 안심 50g, 삼겹살 30g, 닭 가슴살 30g, 으깬 마늘 2개, 올리브 유 20㎖, 로즈마리 2줄기, 타임 2줄기, 다진 양파 40g, 호밀 빵가루 10g, 소금, 후추 약간씩, 달걀 물 약간

## 소 준비하기

1) 팬에 올리브유를 두르고 으깬 마늘과 향초를 넣어 향을 낸 후 삼겹살, 소고기, 안심 순으로 볶아 주세요. (삼겹살의 껍질 부분은 제거하신 후 사용 하세요.) 고기가 익을 때쯤에 다진 양파를 넣고 소금, 후추로 간을 한 후 소량의 육수를 넣고 익혀 주세요. 수분이 완전히 없어질 때까지 볶아 주세요.

2) 소는 핸드 블랜더로 갈고 빵가루, 다진 파슬리, 달걀 물 약간과 파마산 치즈를 넣어 농도와 간을 조절해 주세요.

– 빵가루 준비하기: 식사 빵으로 사용한 호밀 빵을 말려서 갈아 체에 내린 것을 사용합니다. 이태리적인 맛과 느낌을 내고 싶다면 빵을 갈아서 만드시면 좋을 듯합니다. 없으시면 마른 빵가루를 쓰셔도 되겠죠.

– 올리브 씨 제거하기: 올리브는 짠맛이 강해 하루 전에 새물에 담가 짠맛을 조금 **빼** 주시고 올리브를 돌려 깎아 씨를 제거해 주세요. 또는 사인펜 뚜껑을 이용해 올리브를 꾹 눌러 씨만 제거할 수 있습니다.

완성하기

1) 씨를 뺀 올리브에 소를 채우고 밀가루, 달걀 물 그리고 빵가루 순으로 묻혀 180도 기름에 튀겨 주세요.

2) 스파게티니 면도 기름에 튀겨 7㎝ 간격으로 잘라 올리브에 꽂아 주시면 됩니다.

3) 볼에 기름 종이를 깔고 튀긴 올리브를 담으면 완성입니다. (올리브 튀김을 와인 안주로 준비하시면 안성맞춤입니다.)

# 프레골라를 넣은 오징어 순대

이탈리아 요리에는 '칼라마리 리피에노(Calamari ripieno)'라고 하여 오징어 순대와 유사한 음식이 있습니다. 이태리식 오징어 순대를 야식으로 변형을 준 요리로, 오징어 소에 오징어 촉수와 프레골라 파스타를 섞어 사용했습니다. 프레골라는 사르데냐의 대표적인 건면으로, 씹히는 식감이 독특하여 요리사들에게 사랑을 받는 건면 중의 하나입니다.

프레굴라

**재료**  토마토 소스 150㎖(198p), 피자 치즈 80g, 베이비 루콜라 10g

**허브 빵가루**  식빵 2장, 파마산 치즈 가루 10g, 올리브유 5㎖, 다진 파슬리 가루 5g, 소금, 후추 약간씩

**오징어 소**  물오징어 (小) 1마리, 마늘 2쪽, 화이트 와인 20㎖, 프레골라 40g, 방울 토마토4개, 오징어 먹물 4g, 토마토 페스트 5g, 다진 파슬리 2g, 타임 2줄기

– 빵가루 준비: 식빵을 핸드 블랜더로 갈아 약간의 소금, 후추, 다진 파슬리 약간, 파마산치즈 가루와 소량의 올리브유를 넣어 촉촉하게 적셔 둡니다.

– 오징어 손질하기: 오징어는 촉수를 분리하여 내장을 제거하고 몸통의 껍질을 벗깁니다. 벗긴 오징어는 소량의 밀가루를 넣어 주물러 끈적함을 제거해 주세요. 세척한 촉수는 잘게 다져 준비해 주세요.

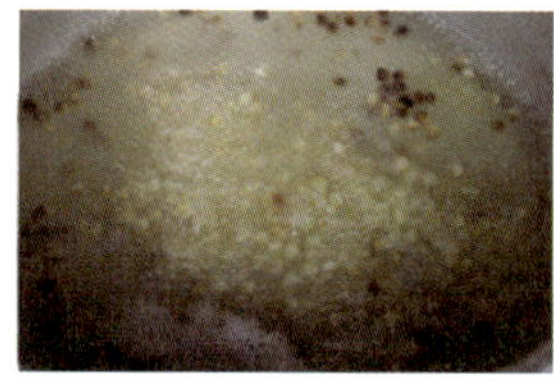

– 프레골라 삶기: 끓는 물에 소금을 넣어 프레골라를 넉넉하게 삶아 주세요. 파스타의 익은 정도를 확인하는 방법은 삶아서 드셔 보는 것이 좋습니다.

## 소 준비하기

1) 팬에 올리브유를 두르고 마늘 슬라이스와 타임을 넣어 향을 낸 후 촉수를 넣어 볶다가 와인을
   넣고 와인 맛이 날아가면 토마토 페스트를 넣어 볶습니다.
2) 4등분한 방울 토마토, 삶은 프레골라를 넣고 마지막에 먹물을 넣어 농도를 되직하게 만들어
   주세요.
3) 면과 소스가 잘 어우러지도록 볶아주시고 간이 짜지 않도록 완성 해주세요.

1) 오징어 몸통에 소를 채우고 이쑤시개로 봉합해 주세요.

2) 파에야 팬에 토마토 소스를 깔아 준 후 오징어를 올리고 피자 치즈를 뿌려 주시면 됩니다.

3) 180도로 예열된 오븐에 7분 정도 굽고 꺼낸 후, 오징어 위와 소스 위에 빵가루를 뿌리고 살라 만다에 올려 색을 진하게 내주세요.

4) 마지막에 베이비 루콜라와 파마산 치즈를 뿌려 완성합니다.

> **Tip** 프레골라는 알덴테 상태보다 더 많이 익혀 주고 오징어 먹물이 들어가므로 간을 약하게 하는 것을 잊지 말아야 합니다. 소 채운 오징어는 오븐에 지나치게 조리하면 질길 수 있으니 중간에 익은 정도를 체크하는 하는 것이 중요합니다.

# 파마산 치즈와 문어 튀김

이탈리안 레스토랑에 흔한 재료 중 하나인 파마산 치즈는 요리에 없어서는 안 될 재료다. 쓰고 남은 자투리 문어는 야식으로 늘 둔갑시켰고, 여기에 파마산 치즈와 같이 튀김을 만들어 풍부한 야식을 만들곤 했다.

재료  자숙 문어 다리 100g(84p), 파마산 치즈 조각 100g, 이태리 파슬리 10줄기, 튀김기름, 방울토마토 3개, 발사믹 크레마 30g, 밀가루 약간
튀김 옷  튀김가루 한 컵, 다진 이태리 파슬리 가루 5g, 탄산 수 약간, 얼음 3개, 파마산 치즈 가루 30g, 소금, 후추 약간씩

- 재료 준비: 삶은 문어와 파마산 치즈도 한입 크기로 썰어 주세요. 이때, 파슬리는 줄기 부분만 제거합니다.

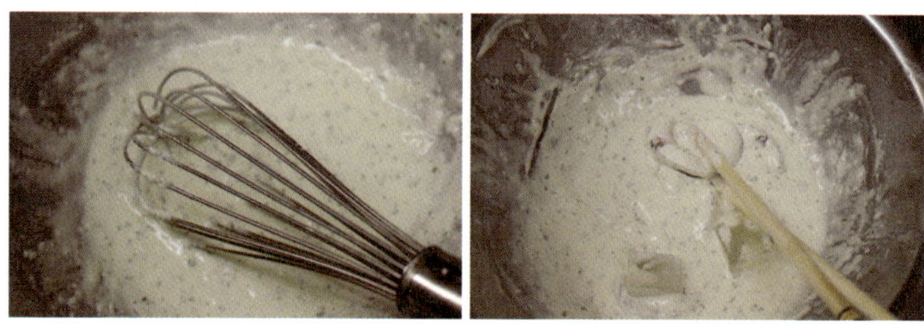

- 튀김 반죽: 튀김가루에 탄산수를 넣고 농도는 끈적하고 되직할 정도로 만들어 주세요. 치즈가루, 파슬리가루를 넣어 완성하고 얼음을 넣어 튀김 농도를 조절해 주세요.

1) 예열된 튀김기름에 이태리 파슬리를 먼저 튀기고 밀가루를 묻힌 문어 다리와 치즈를 튀겨 주세요.

2) 접시에 담고 발사믹 크레마와 다진 파슬리 그리고 방울토마토를 올려 주시면 완성입니다.

자숙 문어가 아니더라도 생물 주꾸미와 낙지도 훌륭한 맛을 낼 수 있으며, 생물을 사용할 경우에는 물기를 완전히 제거하고 튀김기름이 튈 수 있으니 조심하세요.

# 렌치 드레싱을 곁들인 게살 튀김과 샐러드

　게살 튀김은 프랑스식 튀김 반죽을 응용한 것으로, 탁탁한 질감보다 부드러운 식감을 원했던 튀김의 하나였다. 특히 압구정동 멜팅 샵의 시크니처 메뉴인 소프트 크랩의 튀김과 샐러드를 보고 야식으로 만들었다. 바삭한 질감과 와사비 소스와의 조화 그리고 빵과 매칭이 좋았던 걸로 기억한다. 하지만 나는 부드러운 질감의 튀김 옷으로 변화를 주어 야식으로 즐겼다.

**재료** 냉동 대게 다리 3개, 로메인 상추 3잎, 롤라로사 2잎, 루콜라 5잎, 킹크랩 살 20g, 목이버섯 3장, 냉동 홍합 살 3개, 바질 페스토 10g(211p), 강력분 50g, 튀김 기름 적당량

**튀김 반죽** 튀김가루 160g, 노른자 2개, 설탕 4g, 흰자 머랭 2개 분량, 파프리카 파우더 5g, 소금, 후추 약간

**렌치 드레싱** 마요네즈 80g, 플레인 요구르트 40g, 꿀 10g, 레몬즙 10㎖, 다진 파슬리 약간, 곱게 다진 양파 10g, 후추 약간

– 샐러드 준비: 샐러드 채소는 찬 물에 넣어 싱싱하게 살려 주시고 물기를 완전히 제거하여 한 입 크기로 손으로 찢어 주세요.

– 냉동 대게 손질: 대게 다리 3대는 껍질을 제거하여 살만 뽑아내고 1대는 살을 뽑아 곱게 찢어 놓아 주세요.

– 홍합 살은 해동하여 껍질에서 살을 발라내고 수염을 제거하고 물기도 제거하세요.

– 목이버섯은 밑동을 손질해 주시고 한입 크기로 잘라 준비해 둡니다.

– 튀김 반죽: 머랭을 제외한 재료를 넣어 섞는데, 너무 묽지 않게 해 주시고 마지막에 거품을 낸 흰자를 섞어 부드럽게 농도를 내주세요. 튀김 반죽은 튀기기 직전에 준비하시는 것이 좋습니다.

– 드레싱: 믹싱 볼에 마요네즈, 플레인 요구르트, 꿀, 파슬리, 양파, 레몬즙 등의 재료를 골고루 섞어 마지막 간을 보시고, 기호에 따라 신맛을 강하게 하거나 농도를 조절하세요.

1) 목이버섯, 게살, 홍합 살을 밀가루를 묻혀 털어내고 버섯, 게살, 홍합 살 순으로 튀김 옷을
   입혀 튀겨 주세요.

2) 샐러드에 바질 페스토와 게살, 후추 약간의 소금을 넣어 묻혀 접시에 담고 튀김을 담아 마무
   리합니다.

3) 드레싱도 같이 담아 제공하시면 됩니다.

게살 튀김은 오래 두면 눅눅해질 수 있으므로 튀긴 후에 바로 드시는 것이
좋습니다.

# 스페인식 문어 샐러드

　이탈리아에도 문어 요리가 유명하여 자주 등장하는데, 스텝들의 입
맛에 맞았던 것은 스페인의 갈리시아 지방의 문어 요리가 좋았던 것으
로 기억한다. 바르셀로나 미식기행에서 처음 접한 '풀포 가예가(Pulpo
Gallega: 갈리시아 지방의 문어요리)'라는 요리에 매료되어 이탈리안식으로
변형을 줘서 즐기던 야식이었다.

**재료**　삶은 문어 90g, 삶은 감자 ½개, 루콜라 5줄기, 로메인 상추 3잎, 파프리카 파
우더 10g, 소금, 후추 약간씩, 실파 1줄기, 밀가루 80g

**문어 삶기**　문어 1.5kg, 양파 ½개, 샐러리 ⅓ 줄기, 통후추 3g, 레몬 ¼개, 월계수
잎 2장, 코르크 마개 2개, 소금 약간

– 감자 삶기: 감자는 소금 물에 삶아 껍질을 벗겨 한입 크기로 잘라 주세요.

– 채소준비: 루콜라와 로메인 상추는 물에 살려 채 썰고 실파도 송송 썰어 준비해 둡니다.

## 문어 삶기

1) 문어는 내장과 눈을 제거하고 밀가루를 넣어 주물러 끈적함을 제거해 주세요.

2) 문어가 잠길 정도의 물의 양에 4등분 양파, 채 썬 샐러리, 월계수 잎, 후추, 레몬 등을 넣어 5분 정도 끓입니다. 끝인 육수에 소금으로 밑간을 해 주세요.

3) 끓고 있는 야채 육수에 문어를 넣다 뺐다 3번을 반복한 후, 문어를 넣고 불을 줄여 10여 분 삶아 식힌 후 껍질을 벗겨 한입 크기로 잘라 주세요. (삶을 때는 문어가 떠오르지 않도록 무거운 것을 올려 주도록 하세요.)

완성하기

1) 볼에 문어와 감자, 실파 등을 넣고 올리브유 약간, 소금, 후추 그리고 파프리카 파우더를 넣
  어 묻힙니다.
2) 접시에 채 썬 채소를 깔고 버무린 문어를 올려 주시면 완성입니다.

문어를 삶는 것이 가장 중요한데, 지나치게 오래 삶으면 쫄깃함이 사라지고
질기므로 삶는 동안은 잘 지켜봐야 합니다.

# 버섯 크로스티니

크로스티니(Crostini)는 구운 빵 위에 여러 가지 조리한 채소, 육류, 해
산물 등을 토핑으로 올려서 먹는 이탈리아의 전채요리 중 하나인데,
크리미한 소스를 곁들여 먹는 음식으로 변화를 주었다.

말린 포르치니 버섯

**재료** 피자 치즈 40g, 바케트 4조각(두께 2㎝), 모차렐라 슬라이스 4조각
**크로스티니 버섯 토핑** 만가닥버섯 80g, 새송이버섯 50g, 양송이버섯 2개, 포르치
니(불려 다진) 버섯 10g, 올리브유 20ml, 다진 양파 20g, 다진 이태리 파슬리 3g,
베샤멜 소스 60㎖(202p), 스테이크 소스 50㎖, 소금, 후추, 파마산 치즈 약간
**크림소스** 다진 양파 10g, 이태리 파슬리 2g, 생크림 200㎖, 버터 20g, 소금, 후
추, 파마산 치즈 약간씩

- 크로스티니 토핑: 팬에 올리브유를 두르고 3가지 버섯을 볶고 간을 한 후, 다진 양파를 넣어 볶아 줍니다. 스테이크 소스와 베샤멜을 넣어 농도를 되직하게 만든 후 파슬리를 넣고 최종 간은 파마산 치즈 가루로 해둡니다.

- 크림소스: 팬에 버터에 양파를 볶다가 생크림을 넣어 졸이면서 소량의 파마산 치즈, 소금, 후추로 간을 해 줍니다.

1) 바게트는 앞뒤를 살짝 굽고 버섯 토핑을 올린 후, 모차렐라와 피자치즈를 올려 팬에 넣어 180도 오븐 온도에서 5분 정도 조리합니다.

2) 꺼내기 2분 전에 묽게 준비한 크림 소스를 팬 바닥에 붓고 조금 더 조리하여 색을 내 완성합니다. 크로스티니는 촉촉하고 고소하여 안주에 아주 좋습니다.

버섯 크로스티니를 드실 때는 각자의 접시에 올려놓고 포크와 나이프를 이용해서 드시면 됩니다.

Verona staff

갈치 스파게티니
고등어 스파게티니
꼬막 스파게티니
닭고기와 브로콜리니로 맛을 낸 오레키에테
새우소스 탈리올리니
아욱 리조토
연어 크림소스 펜네
전어 크림 스파게티니
갈빗살 스파게티니
채소 팟타이
해산물 파에야
해산물 렌틸 소스를 곁들인 카놀리키와 콘킬리에
전복 내장 스파게티니
시칠리안 페스토를 곁들인 링귀네
보타르가 크림소스 스파게티니
명란젓 스파게티니
바질 페스토를 넣은 프레시 트로피에
애호박 앤초비 풀리에 둘리바
열무로 맛을 낸 오레키에테

C
오늘의
야식은
파스타

## * 파스타 삶는 요령

### [건면 삶기]

건면 삶는 공식: 파스타 면 100g, 물 1리터, 굵은 소금 10-12g

면을 삶을 때는 모든 파스타의 포장지에 적당한 시간이 적혀 있는데, 가령 데체코(De cecco)의 스파게티니(Spaghettini) 11번이 9분이라 하면 삶는 시간은 2분 전에 삶는 물에서 건져 내어 확인을 해야 한다.

냄비에 물을 담고 센 불에서 물이 끓어 오르면 소금을 넣어 중 불로 줄이고 파스타 면을 넣어 저어 준다. 삶는 시간에 2~3번 정도 저으면 달라붙지 않는다. 알덴테는 파스타 중심에 심이 미세하게 남아 있는 경우를 말하는데, 그 상태에 대해서는 직접 여러 번 경험하면서 얻어 낼 수밖에 없다.

### [데체코 11번 스파게티니 9분 기준]

1) 삶은 시간(5분): 핀셋으로 면을 들어올리면 쉽게 구부러지지 않는

다. 넉넉한 소스에 넣거나 오일 버전의 파스타에 장시간 조리할 수 있지만, 잘못하면 면이 부러질 수 있다.

2) 삶는 시간(7분~7분 30초): 알덴테에 가까운 상태이고, 면이 쉽게 구부러지며 넉넉한 소스에 넣어 조리할 경우에 적당한 상태다. 단시간 조리하는 토마토 소스나 크림소스 경우에는 7분 30초 정도가 좋고, 오일 소스인 경우에는 에멀전을 중시하기 때문에 7분 정도가 적당하다.

3) 삶는 시간(8분~8분 30초): 팬에 남아 있는 잠 열로 조리하는 조리법에 적당하며 예를 들면 전통식 카르보나라 파스타를 할 때 혹은 페스토 소스를 넣어 면에 버무릴 때와 같은 경우를 말한다. 그리고 믹싱 볼에 파스타와 소스를 넣어 중탕으로 하는 콘디테(Condite) 방식 같은 경우도 있다. 하지만 냉 파스타를 할 경우에는 8분 30초 정도 삶는 것이 좋다. 덜 삶은 파스타가 차갑게 식으면 먹기 힘들 정도로 딱딱한 식감을 줄 수 있기 때문이다.

다시 말하면, 파스타 삶는 요령은 자신이 사용하는 파스타면의 포장지의 삶는 시간을 참고하고, 소스 종류 그리고 파스타 조리법에 따라 삶는 시간을 조절해야 한다.

# 갈치 스파게티니

갈치는 이탈리아어로 페쉐 쉬아볼라(Pesce Sciabola)라 하여, 파스타에는 그리 대중적이지 않은 재료이다.  2015년 쿡방이 대세로 떠올라 여러 스타 셰프들은 새로운 재료를 가지고 야식으로 만들어 선보였는데, 이색적인 갈치 파스타를 보고 나만에 스타일로 변화를 준 것이며, 신선한 갈치를 저렴하게 구입하여 야식에 도전 해본 메뉴로 스텝들에게 호불호가 갈렸던 요리였다.

**재료** 스파게티니 80g, 갈치 2토막(8㎝), 마늘 편 2개 분량, 올리브유 20ml, 이태리 고추 3g, 데친 아욱 30g, 부추 30g, 화이트 와인 20㎖, 다진 이태리 파슬리 5g, 버터 10g, 식용 꽃 약간

- 채소 준비: 부추는 5㎝ 간격으로 자르고, 아욱은 끓는 소금물에 데쳐 물기를 제거하여 한입 크기로 잘라 주세요.
- 갈치 손질: 갈치는 흐르는 물에 손질하고 뼈를 바르기 위해 3장 띄기를 해 주세요. 갈치 필렛에 소금과 후추로 간을 해 주세요.

1) 팬에 올리브유를 두르고 마늘을 넣어 색을 내고 갈치를 넣어 앞뒤로 노릇하게 구워 주세요.

2) 와인을 넣어 비릿함을 제거해 주시고, 한쪽은 장식용으로 꺼내 주시고 소량의 올리브유를 더 넣어 고추와 아욱을 볶고, 삶은 스파게티니와 소량의 *면수를 넣어 면을 잘 볶아 주세요.

3) 마지막에 부추와 소량의 버터를 넣어 불을 끄시고 잠열에 몇 번 섞은 후, 파스타를 접시에 담고 구운 갈치 살과 식용 꽃을 올려 완성해 주세요.

갈치가 신선해야 비릿함이 덜합니다. 재료 선택이 중요한 파스타입니다.
*면수는 파스타에 기본적인 맛을 주는 동시에 면수에 포함된 전분질이 에멀전(Emusion)에 도움을 주므로 가급적 오일 파스타에는 면수 사용을 권장합니다.

# 고등어 스파게티니

　고등어 요리하면 일 첸트로(il Centro)의 어윤권 셰프의 고등어 카르파치오를 빼놓을 수 없었는데, 그 이후로 국내 이탈리안 레스토랑에 자주 등장한 것이 고등어 요리였고 초창기에 고등어 파스타 맛집으로 유명한 곳은 그란 구스토(Gran Gusto)였다. 고등어 파스타의 맛을 보고 싶어 직접 신선한 고등어를 이용해 만든 파스타로 기억되는데, 스텝들이 선호했던 메뉴였다.

**재료** 스파게티니 80g, 고등어 ½ 마리, 편 마늘 4개 분량, 대파 흰 부분 1대, 이태리 파슬리 6줄기, 이태리 고추 2개, 올리브유 20㎖, 버터 10g, 루콜라 20g

- 그릴 대파: 대파는 그릴 혹은 팬에 겉을 한 번 구워 단맛을 내도록 합니다. 구운 대파는 채를 썰어 준비해 주세요.

**고등어 절임**

1) 고등어는 포를 떠서 뼈를 발라 내고 화이트 와인, 후추, 이태리 파슬리 등으로 2시간 전에 마리네이드를 해 줍니다.

2) 시간이 지나면 물기를 제거하여 소금과 후추로 간을 하고 팬에 기름을 두르고 앞뒤로 노릇하게 구워 줍니다.

1) 팬에 올리브유를 두르고 편 마늘을 넣어 색이 나면 송송 썬 대파를 넣어 마저 볶아 주세요.

2) 구운 고등어와 고추를 같이 볶고 소량의 면수와 삶은 스파게티니 면을 넣어 볶아 줍니다.

3) 마지막에 간을 보시고 에멀전이 잘되었다면 불을 끄시고 소량의 버터와 루콜라를 넣어 볶아 접시에 담아 냅니다.

4) 접시에 구워 둔 고등어 한쪽과 남은 루콜라를 올려 마무리합니다.

고등어의 선도가 가장 중요한 요리입니다. 신선하지 않으면 비린내가 강해 제대로 된 고등어 파스타 맛을 볼 수 없습니다.

# 꼬막 스파게티니

꼬막의 탱글탱글하고 쫄깃한 식감이 좋아 야식으로 자주 즐겼던 파스타 중에 하나였다. 전체적인 파스타의 맛은 바지락 육수로 맛을 내고 식감은 꼬막 살로 향은 두릅, 냉이, 참나물 등의 한국적인 채소를 넣어 오일 파스타를 만들어 냈으며, 예상외로 잘 어울려 야식으로 자주 사용하곤 했습니다.

**재료** 스파게티니 80g, 꼬막 20개, 선 드라이 토마토 10개(214p), 올리브 오일 30ml, 편 마늘 2개 분량, 통마늘 6개, 영양부추 20g, 화이트 와인 20㎖, 다진 이태리 파슬리 5g, * 바지락 국물 50㎖

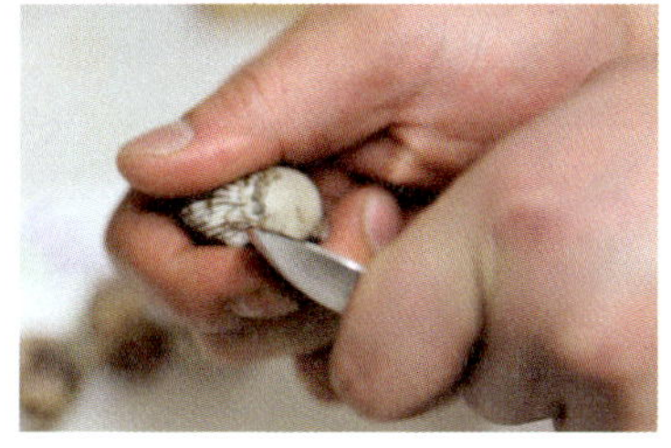

- 꼬막 삶기: 꼬막은 여러 번 물에 닦고 끓는 물에 넣어 데쳐 주세요. 골고루 젓다 보면 입이 벌어지기 시작하는데, 체에 받쳐 물기를 제거하고 꼬막 뒷부분에 수저를 끼워 껍질 한쪽을 제거하거나 살만 발라내세요. (꼬막은 오래 삶지 않도록 합니다. 살은 소스 만들 때 볶기 때문에 질겨 질 수 있겠죠.)
- 통마늘 볶음: 통마늘은 올리브유를 두르고 약한 불에서 천천히 볶아 연한 갈색이 나도록 하고 소금, 후추로 간을 해 주세요. 170도 오븐에 10여 분 정도 구우면 속까지 익습니다.

1) 팬에 올리브유를 두르고 편 마늘을 넣어 색을 낸 후 꼬막을 넣어 볶고, 화이트 와인을 넣어 신맛이 날아가면 선 드라이 토마토와 소량의 바지락 국물 그리고 면수를 넣어 삶은 면과 이태리 파슬리를 넣어 걸쭉한 에멀전 형태의 파스타를 만들어 주시면 됩니다.

2) 마지막에 불을 끄시고 영양 부추와 구운 통마늘을 넣고 파에야 팬에 담아 완성합니다.

> **Tip**
> * 바지락 국물은 손질된 바지락에 물을 자작하게 받고 소량의 채 썬 양파, 으깬 마늘을 넣어 단시간 끓여 낸 국물을 말합니다. 해물 파스타 등에 소량씩 첨가하면 파스타 맛이 진해질 수 있습니다.

# 닭고기와 브로콜리니로 맛을 낸 오레키에테

브로콜리니(Broccolini)는 브로콜리 순으로, 브로콜리와 맛이 비슷하나 맛이 더 섬세하고 아삭한 맛이 특징이며 단맛이 있어 매력적이다. 조리 방법도 간단한데, 데쳐서 쉽게 볶거나 혹은 삶은 후 약간의 간만 해서 먹어도 훌륭한 맛을 낼 수 있는 비타민이 풍부한 채소다. 오레키에테는 작은 귀 모양의 건 파스타로, 넉넉한 오일 소스와 잘 어우러지도록 볶아야 맛이 난다.

브로콜리니

**재료** 오레키에테 60g, 브로콜리니 100g, 파마산 치즈 가루 10g, 올리브 오일 20㎖, 버터 10g, 베이비 믹스 야채 5g, 으깬 마늘 1개, 다진 이태리 파슬리 5g

**닭 다리 절임** 닭 다리 살 90g, 월계수 잎 2장, 화이트 와인 20㎖, 간 마늘 3g, 파프리카 파우더 5g, 로즈마리 2줄기

- 브로콜리니: 밑동에 가까운 딱딱한 대는 제거하고 남은 부분은 필러(Peeler)로 껍질을 벗겨 끓는 소금물에 대가 무르도록 데쳐 한입 크기로 썰어 준비해 두세요.
- 닭 다리 살 절임: 닭 다리는 한입 크기로 잘라 소금, 후추, 월계수 잎, 로즈마리, 파프리카 파우더, 간 마늘, 화이트 와인을 넣어 버무려 주시고 1시간 동안 절여 두세요.

1) 팬에 올리브유를 두르고 마늘을 넣어 향을 낸 후 닭 다리 살을 넣어 볶아 주세요.

2) 여분의 올리브유를 두르고 데친 브로콜리니를 넣어 볶아 약간의 간을 해 주시고, 면수를 약간 넣어 닭 다리 살이 익고 재료가 무를 정도로 볶아 주세요.

3) 삶은 오레키에테를 넣고 에멀전이 잘 되도록 골고루 저어 가면서 볶아 주시고 마지막에 버터와 파마산 치즈를 넣어 농도와 맛을 내주세요.

4) 접시에 담고 베이비 믹스 야채와 파마산 치즈 가루를 뿌려 완성합니다.

 오레키에테를 삶는 중간에 서로 달라붙지 않도록 가끔 젓는 것을 잊지 마세요.

# 새우소스 탈리올리니

박찬일 셰프

　이탈리안 레스토랑 로칸다 몽로를 방문하여 먹었던 *타야린 생면에 매료되어 야식으로 만들어 봤다. 박찬일 셰프의 라구소스를 곁들인 탈리아텔레는 현지 입맛과 유사할 정도로 생면의 식감이 매력적이었는데, 셰프는 노른자만으로 힘들여 만들었다며 자랑이 대단했던 것으로 기억한다. 그 후로 알폰소 야식으로 노른자 생면을 이용한 파스타를 즐겨 만들었는데, 팀원들은 늘 질감이 좋고 나쁨에 대한 호불호가 갈렸던 생면 파스타였다. 대부분 긴 생면은 전란 반죽보다는 노른자 100%를 사용한 타야린 스타일로 만들었다.

**재료** 생면 탈리올리니 90g, 올리브유 30ml, 편 마늘 2개 분량, 새우(中) 4마리, 화이트 와인 20ml, 비스큐 소스100ml(200p), 대파 1대, 소금, 후추 약간씩, 루콜라 10g, 버터 10g



* 타야린은 피에몬테주의 전통 파스타로 연질밀가루로 만들며, 달걀 노른자나 화이트 와인을 넣어 만들기도 한다. 반죽을 얇게 밀어 탈리올리니 보다 약간 두껍게 만든 면으로, 전통적으로 고기를 넣어 만든 라구 소스와 잘 어울린다. 특히 알바(Alba) 지역에서는 흰색 송로버섯을 넣어 소스를 만들거나 뿌려서 제공하는 경우도 있다. 이 파스타는 랑게(Langhe), 몽페라토(Monferato), 아스티(Asti)와 알레산드리아(Alessandria)에서 주로 찾아볼 수 있다.

– 생면 탈리올리니: 강력분 120g, 노른자 100g, 소금 3g

## 만드는 방법

1) 밀가루, 노른자, 소금을 넣고 잘 섞은 후 잘 치댄다. 한 덩어리가 된 반죽은 글루텐의 활성을 좋게 하기 위해 10여 분 정도 치대 준다. 치댄 반죽은 1시간 휴직을 준 후 사용하거나 사용 하루 전날에 반죽하여 냉장고에 넣어 숙성시켜 사용하면 글루텐이 더 활성화된다.
2) 파스타 기계를 이용해서 반죽을 얇게 밀어 20㎝ 길이의 직사각형으로 자르고 탈리올리니 틀로 면을 뽑아 주세요. 면은 길이: 20㎝, 너비: 0.2㎝, 두께: 0.4㎝로 만든다.

## 재료 손질

1) 새우는 머리, 껍질과 내장을 제거하고 2마리는 다지고 2마리는 등 쪽을 살짝 갈라 내장을 제거해 주세요.
2) 대파는 그릴에 구워 채 썰어 준비하세요.

1) 팬에 올리브유를 두르고 편 마늘, 대파 그리고 새우 순으로 넣어 볶아 줍니다. 화이트 와인을
   넣고 졸여 신맛을 날려 주시고, 비스큐 소스와 약간의 면수를 넣어 밑간을 맞춰 주세요.
2) 삶은 생면을 넣어 볶아 주시고 가급적 빠른 시간에 잘 어우러지도록 볶은 후, 마지막에 버터
   를 넣어 마무리하고 접시에 담아 주세요.
3) 접시 위에 루콜라를 올려 마무리해 주세요.

기호에 따라 파마산 치즈 가루를 넣어 맛을 내 주셔도 좋습니다.

# 아욱 리조토

야식에 자주 등장했던 재료 중 하나인 아욱은 알폰소의 소울 푸드의 재료에 늘 등장한 재료이기도 했다. 어머님의 아욱국은 아욱을 볼 때마다 군침을 삼켰는데, 그때마다 베로나 주방에서 매끄러운 식감을 자주 접했던 것으로 기억한다.

**재료**  쌀 60g, 올리브유 10㎖, 버터 10g, 날치 알 20g, 화이트 와인 10g, 파마산 치즈 가루 20g, 크레송 20g, 채썬 양파 40g, 으깬 마늘 3개
**아욱 퓨레**  아욱 200g, 조개 육수 약간, 올리브유 10㎖, 다진 양파 10g, 다진 마늘 약간, 소금, 후추 약간씩
**해물 볶음**  모시조개 15개, 다진 새우 살 3마리(小), 올리브유 10g, 편 마늘 1개 분량, 다진 이태리 파슬리 5g, 화이트와인 10㎖

**아욱 퓨레**

1) 아욱 대가 질긴 부분은 잘라내고 끓는 소금물에 데쳐 찬물에 담가 물기를 꼭 짜 주세요.

2) 팬에 버터를 넣어 다진 양파와 마늘을 넣어 아욱을 재빨리 볶아 주시고 조개 육수를 넣어 곱
게 갈아 줍니다.

– 조개육수: 모시조개는 채썬 양파, 으깬 마늘 2개와 찬물에 넣어 끓기 시작하면 5분 미만으로
삶아서 식혀 살은 발라 주시고 조개 국물은 리조토에 그리고 아욱 퓨레에 사용합니다.

– 해물 볶음: 팬에 올리브유를 두르고 마늘을 넣어 향을 낸 후 삶은 조개 살과 새우를 볶고
화이트 와인을 넣어 신맛을 날려 주시고 약간의 간을 하고 파슬리를 넣어 향을 낸 후 식혀
둡니다.

1) 팬에 올리브유, 마늘을 넣어 쌀을 넣어 볶은 후, 화이트 와인을 넣고 신맛이 날라가면 퓨레에 쓰고 남은 조개국물과 야채 육수를 넣어 가며 익혀 줍니다.

2) 쌀이 어느 정도 다 익어 갈 쯤에 볶은 해물과 아욱 퓨레를 넣어 골고루 섞어 주시고 리조토의 농도와 쌀 익은 정도를 확인한 후, 버터를 넣어 마무리합니다.

3) 뜨겁게 달군 철판에 리조토를 담고 날치 알과 크레송을 올려 마무리합니다.

> **Tip**
> 아욱뿐만 아니라 별미로 매생이를 이용한 리조토도 한 끼 야식으로 손색이 없는 메뉴이므로 한 번 도전하길 바랍니다. 야채육수는 양파, 샐러리 약간, 무, 호박 등의 자투리 야채에 물을 두 배로 담아 끓기 시작하면 불을 줄이고 약간의 월계수 잎과 통 후추 몇 알 정도를 넣어 20분 정도 끓여 걸러 사용하시면 됩니다.

# 연어 크림소스 펜네

　베로나의 파견 셰프로 단기간 근무했던 이탈리안 셰프 알레싼드로 데 코지모(Alessandro de Cosimo)로부터 배운 파스타로, 연어 살과 토마토 페스토가 어울러진 소스로, 연어 특유의 감칠 맛이 크림소스와 잘 어울렸던 파스타로 기억한다. 우리 입맛에 맞게 매콤한 크림소스로 변화를 준 야식 메뉴다.

**재료** 펜네 70g, 프레시 연어 100g, 다진 마늘 5g, 다진 양파 20g, 올리브유 10㎖, 토마토 페스트 15g, 이태리 고추 1개, 화이트와인 20㎖, 다진 이태리 파슬리 5g, 버터 30g, 생크림 200㎖, 파마산치즈 가루 20g, 베이비 루콜라 10g, 소금, 후추 약간씩

  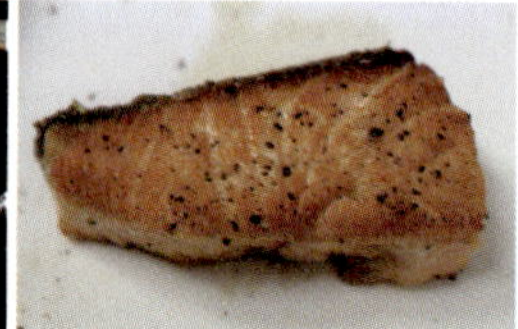

- 연어 손질: 연어는 손질된 것을 구입하여 배쪽의 얇은 살 부분은 다지고 살찜이 두툼한 쪽은 밑간을 해둔다.
- 연어구이: 팬에 버터를 두르고 연어 살은 파삭하게 구워 주세요. 겉은 팬을 기울여 여분의 버터를 끼얹어 가며 구워 주세요.

1) 팬에 버터를 두르고 다진 양파, 다진 연어 살, 다진 마늘, 고추 순으로 볶고 간을 한 후 토마
   토 페스토를 넣어 볶아 주세요.
2) 화이트 와인을 넣고 신맛을 날려 주시고 생크림을 넣어 한 번 끓인 후 삶은 펜네를 넣어 볶아
   주세요.
3) 농도를 조절하시고 마지막에 치즈를 넣어 접시에 담아 구운 연어 스테이크와 루콜라를 올려
   완성합니다.

볶은 연어 살에서 특유의 감칠 맛을 느낄 수 있는 파스타입니다.

# 전어 크림 스파게티니

가을이 돌아오면 집 나간 며느리도 이 맛을 보기 위해 돌아온다는 옛 말에 자주 등장하는 생선이다. 제철 시장에서 값싸게 구입하여 썰어 초장에 버무려 회로, 빵가루를 입혀 튀김으로 만들어 뼈 채 만들어 먹었다. 베로나가 문닫기 전의 마지막 가을, 스텝들과 와인 한 잔에 전어 파스타를 테스팅 한 그 기억을 잊을 수가 없을 것 같다.

**재료**  스파게티니 80g, 화이트 와인 20㎖, 실파 2줄기, 청양고추 ⅓개, 생크림 200㎖, 미나리 50g, 버터 10g, 편 마늘 1개 분량, 튀김기름 적당량, 달걀 1개, 박력 밀가루 30g, 루콜라 10g, 방울 토마토 2개, 올리브유 10ml
**허브 빵가루**  식빵 2장, 다진 이태리 파슬리 5g, 올리브유 5㎖, 파마산 치즈 10g, 소금, 후추 약간씩
**전어 절임**  전어 2마리, 화이트 와인 20㎖, 이태리 파슬리 2줄기, 후추(으깬) 5개, 올리브유 20㎖, 레몬 껍질 ¼개 분량, 으깬 마늘 1개

- 전어 절임: 전어 한 마리는 3장 뜨기 하여 살만 발라 내시고 한 마리는 뼈를 살려 주세요. 손
  질한 전어는 사용 전 1시간 동안 이태리파슬리, 레몬 껍질, 마늘, 화이트 와인, 올리브유, 후
  추 등으로 넣어 절임을 한 후 사용합니다.
- 빵가루: 식빵은 모서리를 자르고 푸드 프로세서에 갈아서 소금, 후추, 파마산치즈 약간, 이
  태리 파슬리 약간, 올리브유 5㎖을 섞어 촉촉하게 만들어 주세요.

 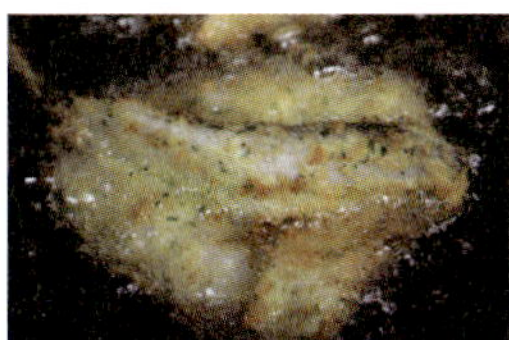 

- 전어 튀김: 뼈가 붙은 전어는 소금, 후추 간을 한 후 밀가루, 계란 물, 빵가루 순으로 입혀 기
  름에 노릇하게 튀겨 주세요.

1) 팬에 올리브유를 두르고 마늘은 색을 내고 전어 한 마리 필렛(생선살)을 넣어 볶아 주세요.

2) 소금, 후추로 간을 하고 와인을 넣어 신맛을 날린 후, 버터를 넣고 채 썬 미나리와 실파를 볶고 생크림을 넣어 한 번 끓여 줍니다. 삶은 스파게티니를 넣고 농도를 조절하고 간을 하고 이등분한 방울 토마토를 넣어 마무리합니다.

3) 접시에 담고 루콜라와 튀긴 전어를 올려 완성합니다.

전어는 뼈를 제거하더라도 살점에 잔가시가 많으니 세심하게 손질하는 걸 잊지 마세요.

미나리는 생선의 비릿함을 잡아 주고 아삭한 식감을 주어 적절하게 사용하면 좋습니다.

# 갈빗살 스파게티니

한국적인 파스타로, 갈빗살에 갈비 양념으로 간을 하여 달짝지근하고 짭조름한 간장 양념이 우리 입맛에 낯설지 않았던 파스타였다. 주로 오일 소스에 버무렸지만, 매콤한 크림 소스에도 잘 어울려 즐겨 먹었던 야식이다.

**재료** 스파게티니 80g, 소 갈빗살 100g, 편 마늘 2개 분량, 올리브유 20㎖, 새송이 ½개, 표고버섯 1개, 청양고추 ⅓개, 농축 치킨 육수 50g(212p), 다진 이태리 파슬리 5g, *토마토 콩카세 5g, 베이비 믹스 야채 5g, 파마산 치즈 20g, 버터 10g, 갈비살 양념 200g
**갈비살 양념** 간장 200㎖, 물 200㎖, 미림 100㎖, 설탕100㎖, 참기름 20㎖, 다진 마늘 35g, 후추 약간

농축 치킨 육수

- 채소 준비: 새송이버섯은 반으로 잘라 2㎝ 간격으로 어슷하게 썰고 표고버섯도 채 썰어 주세요.

- 갈빗살 절임: 갈빗살에 힘줄과 지방을 제거하고 갈비 양념에 1시간 정도 절여 주세요.

- 농축 치킨 육수: 치킨 육수 1리터 정도를 약한 불에 올려 100g 정도로 졸여 완성해 주세요.

1) 팬에 으깬 마늘과 올리브유를 넣어 색을 내고 2가지 버섯을 넣어 마찬가지로 앞뒤로 색을 내고 소금과 후추로 간을 해 주세요. (가급적 센 불에서 버섯을 앞 뒤로 볶고 여러 번 젓지 않도록 하세요.)

2) 갈빗살과 채 썬 고추를 넣어 볶다가 약간의 면수와 농축 치킨 육수를 넣어 소스의 간을 맞춥니다.

3) 마지막에 삶은 면을 넣어 볶다가 버터 10g, 다진 이태리 파슬리 가루와 파마산 치즈 가루를 넣어 완성합니다.

4) 접시에 담고 베이비 믹스 야채와 *토마토 콩카세를 올려 마무리합니다.

* 토마토 콩카세(tomato concasser)는 토마토 꼭지를 따고 끓는 물에 잠깐 담갔다가 건져, 껍질을 벗기고 씨를 제거하여, 0.5~1cm 정도의 네모로 썬 것을 말한다.

치킨 농축육수는 자연적인 감칠맛을 내며, 지나치게 많이 사용하면 진한 맛 때문에 오히려 역효과가 일어날 수 있으니 소량씩 사용하는 것을 권장합니다.

# 채소 팟타이

임피리얼 팰리스 호텔 카페 아미가(Amiga)의 시그니처 메뉴 중 하나로, 출출할 때 군침을 흘리며 기웃거리며 곁눈질로 배워 야식으로 즐겼던 메뉴다. 알폰소 야식 스타일로 변화를 준 메뉴였는데, 다이어트를 하던 시기여서 면보다는 볶은 채소를 즐겨 먹었던 것으로 기억한다.

**재료** 불린 쌀국수 80g(5㎜), 채선 양파 30g, 새송이버섯(채썬) 50g, 숙주 나물 50g, 실파 3줄기, 홍 고추 ⅓개, 파프리카 파우더 5g, 피시소스 약간, 굴소스 약간, 소금, 후추 약간씩, 식용유 30㎖, 달걀 1개, 참기름 10ml, 땅콩가루 10g

– 쌀국수는 몇 시간 전에 찬물에 담가 준비해 주세요. 실파는 5㎝ 간격으로 자르고, 고추는 어슷 썰어 씨도 제거해 주세요. 새송이버섯은 0.3㎝ 두께로 채 썰어 주시면 됩니다.

1) 팬에 기름을 두르고 달걀을 풀어 볶아 주시고 양파와 새송이버섯 순으로 넣어 볶으면서 약간 의 간을 해 주세요.

2) 물에 불린 쌀국수를 볶다가 파프리카 파우더를 넣어 색을 내주시고, 숙주와 실파를 넣고 피 시소스, 굴 소스 등을 넣어 적당하게 간을 조절해 주세요.

3) 불을 끄고 참기름과 땅콩가루를 뿌려 마무리합니다.

4) 접시에 담고 기호에 따라 파프리카 파우더를 더 뿌리시면 됩니다.

면이 달라붙으면 약간의 치킨 육수를 넣어 풀어 주시면 부드러운 면을 즐길 수 있습니다. 기호에 따라 해산물이나 육류를 같이 사용하셔도 훌륭한 볶음 면이 됩니다.

# 해산물 파에야

　스페인 바르셀르나 해산물 식당인 일치피로네스(il Cipirones)에 견학을 다녀온 후, 파에야(Paella)에 눈을 뜨게 되어 야식으로 만들어 본 메뉴이다. 이 메뉴는 붉은 고기, 가금류와 해산물을 섞어 만든 것으로, 복합적인 맛을 냈다. 이색적인 맛으로 스텝들에게 사랑을 받았던 쌀 요리 중 하나였다. 물론 파에야를 처음 먹어 본 스텝들이 대부분이었다.

**재료**　불린 쌀 200g, 모시조개 7개, 냉동 홍합 4개, 새우 4마리(小), 냉동 관자 4개, 삼겹살 70g, 치킨 육수 200㎖, 편 마늘 2개 분량, 양파 70g, 피망 1개, 완두콩 30g, 다진 이태리 파슬리 3g, 샤프란 2g, 올리브유 20㎖, 소금, 후추 약간씩
**닭 다리 살 절임**　닭 다리 살 100g, 편 마늘 1개 분량, 월계수 잎 2장, 소금, 후추 약간씩, 화이트 와인 20㎖, 파프리카 파우더 5g, 다진 파슬리 2g, 올리브유 10㎖

**채소 볶음**

1) 피망은 씨를 제거하여 2.5㎝ 크기의 주사위 모양으로 잘라 주시고 양파도 같은 크기로 준비
   합니다.
2) 팬에 올리브유를 두르고 양파, 피망은 간을 하여 살짝 볶고 준비해 주세요.

− 닭 다리 살 절임: 양념을 넣어 30분 정도 절인 후에 사용해 주세요.

1) 팬에 편 마늘과 올리브유를 두른 후 색이 나면 닭고기, 삼겹살 순으로 볶다가 쌀을 넣고 볶아 줍니다.

2) 와인을 넣어 잡내를 날려 주고 치킨 육수를 자작하게 붓고 샤프란도 같이 넣어 끓여 줍니다.

3) 육수가 졸면 치킨 육수를 계속 첨가해 주시고, 쌀이 반 정도 익으면 볶은 채소와 해물을 넣고 볶습니다. 이때 조개가 벌어지면, 불에서 내려 놓고 팬에서 파에야 전용 팬으로 옮겨 주세요.

4) 파에야 팬에 균일하게 종류별로 보기 좋게 재료들을 담고, 팬에 ⅓ 정도의 육수 양이 있게 하여 180도 오븐에서 10여 분 구워 주시면 됩니다. 꺼낸 파에야에 파슬리를 뿌리면 완성입니다.

완성된 쌀은 겉이 꼬들꼬들한 식감이 살아 있고, 쌀 아래쪽은 촉촉한 것이 특징입니다.

# 해산물 렌틸 소스를 곁들인 카놀리키와 콘킬리에

연말 12월 24일 저녁에 코스요리를 준비해 판매를 하고 남았던 신선한 해물을 이용해서 수고한 팀원들을 위해 만든 스텝밀의 메뉴 중의 하나였다. 카놀리키 면의 질감이 독특하고 쫄깃하여 사랑받았다.

카놀리키(Cannolichi)는 듀럼 밀과 물로 만든 건면으로, 작은 관 모양의 파스타로 돌돌 말린 튜브 모양에 표면에는 홈이 있는 것이 특징이며, 지중해 바다에 서식하는 맛조개와 유사한 파스타이다. 콘킬리에(Conchiglie)도 조개 모양의 파스타이다.

– 렌틸 퓨레 만들기: 양파 슬라이스 10g, 올리브유 20㎖, 불린 핑크색 렌틸100g, 로즈마리 1줄기, 치킨 육수 200㎖, 버터 5g, 파마산 치즈, 소금, 후추 약간씩

렌틸

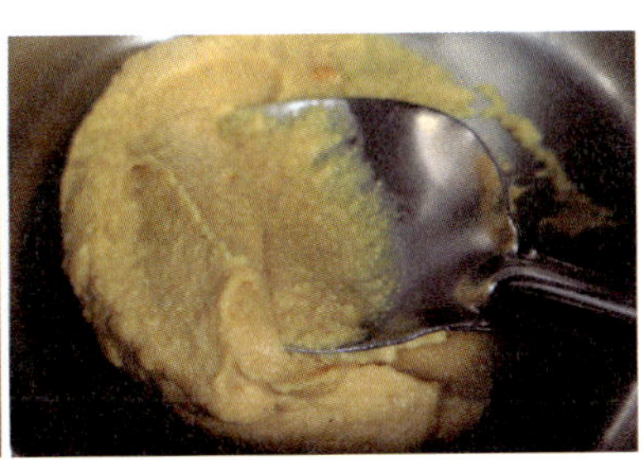
렌틸 퓨레

1) 소스 팬에 올리브유와 로즈마리를 넣어 향을 낸 후, 로즈마리는 드러내고 슬라이스 양파를 넣어 볶는다. 불린 렌틸을 넣어 볶은 후, 치킨 육수를 넣어 푹 익을 때까지 끓입니다.

2) 믹서기에 렌틸을 넣어 갈아준 후 소스 팬으로 옮겨 파마산 치즈, 소금, 후추로 간을 한 후 올
   리브유를 넣어 마지막으로 풍미를 줍니다.

– 재료 준비: 전복은 내장을 제거하고 솔로 전복을 잘 닦아 2등분해 주세요. 가리비 관자의 내
   장을 제거하고 뻘을 제거해 주세요. 새우는 머리, 껍질 그리고 내장만 제거해 손질해 두세요.

완성하기

1) 팬에 올리브유를 두르고 마늘을 넣어 향을 낸 후 손질 된 전복과 관자, 새우를 볶다가 와인을 넣어 볶습니다.

2) 이태리파슬리를 넣고 방울토마토 그리고 삶은 파스타를 넣어 해물소스와 렌틸 퓨레 반을 넣어 잘 볶아 줍니다. 마지막에 파스타 간을 보고 마무리합니다.

3) 다른 소스 팬에 남은 렌틸 퓨레를 데워서 접시 중앙에 깔고 볶은 파스타를 위에 올린 후, 헤즐넛 가루와 베이비 야채로 장식하면 완성입니다.

카놀리키와 콘킬리에의 파스타를 삶는 시간이 다르므로 삶는 시간을 차등을 두어 퍼지지 않게 삶아야 합니다. 카놀리키는 식감이 쫄깃하여 매력적인 면 중에 하나입니다.

# 전복 내장 스파게티니

이탈리안 레스토랑 라 쿠치나(La Cucina)는 남산에 위치해 있으며, 이탈리아 요리를 하는 요리사에게 매우 유명한 곳 중 하나다. 그곳에서 한때 선풍적인 인기를 끌었던 메뉴였고, 그 기억을 생각하며 야식으로 만들어 보았다.

전복 프로모션 메뉴로 인해 전복 내장을 보관해 두었다가 가끔 스텝 밀로 야식에 먹었던 메뉴였는데, 지나치게 고수를 사용하여 향이 강해서 호불호가 갈렸던 파스타였다. 고수향이 싫다면 굳이 사용하지 않아도 좋다. 전복 내장 하나만으로도 훌륭한 파스타 요리가 될 수 있다.

 스파게티니 80g, 마늘 편 2개 분량, 올리브유 20㎖, 주꾸미 3마리, 활 전복
(中) 1마리, 전복 내장 40g, 화이트 와인 20㎖, 이태리 고추 2개, 고수 10g, 처빌
2줄기, 핑크 후추 3g, 버터 20g

- 해물 손질: 주꾸미는 내장을 제거하고 밀가루를 넣어 조물조물 문질러 손질한 후, 한입 크기
  로 잘라 주세요. 전복은 내장을 제거하고 솔질을 해 주시고 이등분으로 나눠 주세요.
- 전복 소스: 내장 40g은 소량의 물을 넣고 핸드 블랜더로 갈아서 체에 걸러 준비해 주세요.

1) 팬에 올리브유를 두르고 편 마늘을 넣어 색을 내주시고, 주꾸미와 전복을 넣어 볶아줍니다.

2) 화이트 와인을 넣어 비릿함을 제거해 주시고 신맛이 날아가면 핑크색 후추, 전복소스를 넣어 한 번 끓여 줍니다.

3) 버터를 넣어 풍미를 더해 주시고 삶은 면과 소량의 면수를 넣어 에멀전을 해 주시고 마지막에 고수를 넣어 마무리합니다.

4) 접시에 담아 처빌로 장식하여 마무리합니다.

Tip

소량의 고수는 내장 특유의 비릿함을 제거할 수 있으며, 내장의 감칠맛을 극대화시킬 수 있습니다. 전복 내장이 모체소스가 되므로 신선해야 합니다.

# 시칠리안 페스토를 곁들인 링귀네

효자동에 위치한 이탈리안 가정식 파스타를 판매하는 레스토랑 두오모(Duomo)는 한 요리 방송에서 소개되면서 유명세를 치른 곳이다. 이곳의 레스토랑의 대표적인 파스타인 매콤한 시칠리안 페스토와 새우를 곁들인 링귀네(Linguine)가 있다. 메뉴를 시식하고 그 맛에 매료되어 야식으로 만들었는데, 참나물을 마지막에 넣어 색다른 느낌을 내 봤다. 이 페스토는 팬에 볶는 방식 외에 냉 파스타의 소스로 사용해도 손색이 없으며, 빵에 발라 먹는 스프레드로 혹은 부르스케타 토핑으로도 손색이 없는 소스 중에 하나이다.

이탈리안 레스토랑 두오모

**재료** 링귀네 80g, 새우 5마리(中), 마늘 편 1개 분량, 올리브유 20㎖, 화이트 와인 10g, 파마산치즈 가루 20g, 시칠리안 페스토 100g(207p), 참나물 20g, 이태리 고추 2개, 소금, 후추 약간씩

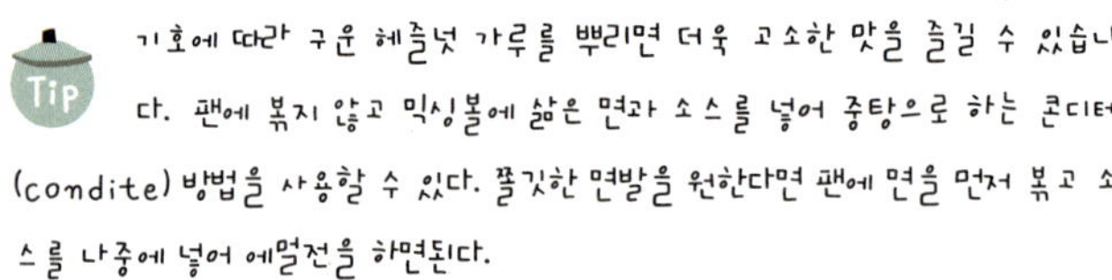

1) 팬에 올리브유를 두르고 편 마늘을 넣어 색을 낸 후, 껍질과 내장을 제거한 새우와 고추를 넣어 볶아 주세요.

2) 와인을 넣고 신맛이 날아가면 약간의 면수에 시칠리안 페스토를 넣어 풀어 주세요.

3) 삶은 링귀네를 넣고 볶은 후, 마지막으로 간을 봅니다.

4) 불을 끄고 파마산치즈 가루를 넣어 맛을 내고, 참나물을 넣어 골고루 섞어서 접시에 담아 주시면 완성입니다.

> 기호에 따라 구운 헤즐넛 가루를 뿌리면 더욱 고소한 맛을 즐길 수 있습니다. 팬에 볶지 않고 믹싱볼에 삶은 면과 소스를 넣어 중탕으로 하는 콘디테(condite) 방법을 사용할 수 있다. 쫄깃한 면발을 원한다면 팬에 면을 먼저 볶고 소스를 나중에 넣어 에멀전을 하면된다.

# 보타르가 크림소스 스파게티니

　한국 내 진출한 외국인 셰프가 론칭을 한 그라노(Grano) 레스토랑은 TV 방송 〈수요미식회〉에서 문닫기 전에 가 봐야 할 곳으로 선정된 곳으로, 그곳의 시스니처 메뉴는 바로 숭어 알 파스타이다. 이곳은 국내에서 제조한 숭어 알을 이태리 요리에 매칭을 시켜 큰 성공을 거둔 곳이다. 이 메뉴는 오일 버터소스와 조화를 이룬 파스타로, 숭어 알을 잔뜩 올려준 것으로 기억한다. 이곳의 보타르가 파스타 맛에 매료되어 야식으로 만들었던 메뉴였다.

그라노의 보타르가 파스타

**재료**　스파게티니 80g, 다진 양파 20g, 다진 마늘 3g, 생크림 200g, 다진 이태리 파슬리 3g, 버터 15g, 보타르가 30g, 소금, 후추 약간

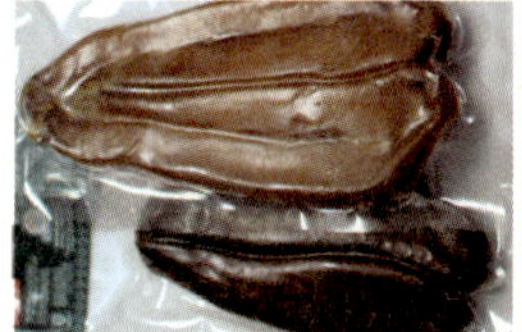

- 보타르가 갈기: 숭어 알은 껍질을 벗겨 강판에 갈아 주세요.

1) 팬에 버터와 양파, 마늘을 넣어 볶고 생크림을 넣어 한 번 끓여 조린 후, 다진 파슬리, 보타
   르가 갈은 것을 넣어 맛을 내주세요.
2) 삶은 스파게티를 넣어 조리다가 간을 보고 후추를 넣어 마무리합니다.
3) 접시에 담고 남은 보타르가를 뿌린 후 파슬리로 장식하면 완성입니다.

보타르가 파스타는 버터소스를 이용하여 만들면 더 담백하게 즐길 수
있다.

# 명란젓 스파게티니

명란젓 스파게티는 일본에서 들어온 스타일로, 짭조름한 오일 소스로 만드는데 반해, 알폰소의 야식은 소량의 크림과 노른자를 이용해서 이탈리안 카르보나라 스타일로 변형을 주어 처음 접하는 이탈리안식 카르보나라의 비릿함을 명란젓이 잡아 주는 역할을 했다.

**재료** 스파게티니 80g, 달걀 2개, 생크림 80㎖, 버터 20g, 양파 슬라이스 20g, 다진 새우 살 30g, 다진 파슬리 5g, 명란젓 10g, 베이비 루콜라 10g, 소금, 후추 약간씩, 파마산 치즈 가루 20g

– 혼합물 만들기: 믹싱 볼에 노른자 1개, 생크림, 파마산 치즈가루, 파슬리, 후추, 명란 젓을 넣고 섞어서 간을 봐 주세요.

1) 팬에 버터를 녹이고 양파와 새우를 볶고 간을 한 후, 불에서 꺼내 주세요.

2) 달걀 하나는 소금과 식초를 넣어 수란을 해 주세요.

3) 믹싱 볼에 준비된 혼합물, 삶은 면과 볶은 새우 살을 넣고, 중탕으로 서서히 저어서 농도가 되직할 때까지 만들어 주세요.

4) 잘 어우러진 파스타를 최종 간을 본 후 접시에 담고 수란을 올리고 후추가루를 뿌려 완성을 합니다.

중탕 온도가 높아 노른자가 익지 않도록 면에 소스가 묻어나는 크리미한 상태로 만들어야 합니다. 또한, 중탕하는 물 온도가 높기 때문에 손을 댈 수 있어 마른 천으로 볼을 감싸 조리하도록 하세요. 명란 젓 파스타는 보타르가를 같이 사용하셔도 깊은 맛을 낼 수 있습니다.

# 바질 페스토를 넣은 프레시 트로피에

프레시 트로피에(Trofie)는 졸깃함과 부드러운 식감이 일품인 면으로, 건면보다는 식감이 월등하고 건면은 면이 골고루 익지 않고 부서지는 단점이 있다. 이 파스타는 제노바의 대표적인 파스타로, 제노바산 바질 페스토와 잘 어울리는 파스타이다.

**재료**  트로피에 80g, 파마산 치즈 20g, 바질 페스토 80g(211p), 베이비 루콜라 10g, 방울 토마토 1개
**트로피에 재료**  강력분 100g, 물 50g, 소금 2g, 올리브유 5g

**트로피에 만들기**

1) 재료를 모두 섞고 반죽을 10분 정도 치댄 후, 1시간 정도 휴직을 준 후 성형을 합니다.

2) 반죽을 담배 모양으로 만들어 1㎝ 간격으로 자르고, 나무 판 바닥에 비벼 올챙이 모양으로 만드세요.

3) 비빈 반죽에 손바닥을 세워 반죽을 위에서 아래로 대각선 방향으로 굴려 가면서 모양을 갸름하게 만들어 냅니다.

생면 제조에 사용하는 액체는 반죽의 일정한 되기를 위해 가급적 그램(g)으로 측정하여 사용하도록 합니다.

1) 생면을 삶는 물에 소금은 건면 삶을 때에 반으로 줄여서 사용하도록 하세요. 트로피에는 삶아서 물기를 제거하고 믹싱 볼에 담아 주세요.

2) 믹싱 볼에 트로피에, 치즈, 면수 약간, 바질 페스토를 넣어 중탕으로 소스와 면이 잘 섞이도록 저어 줍니다.

3) 마지막으로 간을 보고 기호에 따라 페스토나 치즈를 가감하시면 됩니다.

> **Tip** 팬에서 페스토 소스와 면을 단시간 볶아서 조리하는 팬 조리법이 미숙하다면, 중탕에서 믹싱 볼에 파스타와 소스를 넣어 잠열에 의해 조리하는 것을 권장합니다. 이것은 페스토의 초록빛을 유지할 수 있는 하나의 방법입니다. 생면 트로피에는 세몰리나 보다는 일반 강력 밀가루로 만든 것이 식감이 좋다는 것이 개인적인 생각입니다.

# 애호박 앤초비 폴리에 둘리바

이 파스타는 나의 오랜 동료 이상성 셰프가 좋아하는 애호박 앤초비 파스타에 변화를 주어 만들어 낸 파스타다. 폴리에 둘리바(foglie d´uliva)는 올리브 잎을 뜻하는 이탈리아어로 잎 모양을 본떠 만든 건 파스타의 종류다. 가끔 베로나의 야식에 등장했는데, 팀원들은 그리 좋아하지

콜라투라 폴리에 둘리바

않았던 걸로 기억하는데 이 정도의 파스타를 즐기려면 본토의 맛에 거
부감이 없어야 할 듯하다.

야채 손질: 애호박은 두께 0.5㎝ 정도의 반달 모양으로 자르고, 주황색 파프리카는 직화 불로
껍질을 벗겨 아삭한 상태로 준비하고 채를 썰어 준비합니다.

**앤초비소스**

1) 팬에 올리브유를 두르고 편 마늘을 볶다가 색이 나면 앤초비를 넣어 볶아 주세요.
2) 호박을 넣어 볶다가 화이트 와인을 넣어 신맛이 날아가면 콜라투라와 다진 이태리 파슬리,
   후추를 넣어 앤초비 소스를 만들어 둡니다.

1) 소스에 면수를 약간 넣어 호박이 무르게 만들고, 파프리카와 삶은 면을 넣고 볶아주며 여분의 올리브유를 넣어 에멀전을 잘해 줍니다.

2) 마지막에 버터와 루콜라를 넣어 마무리합니다. 접시에 담고 베이비 야채를 올리면 완성입니다.

건면의 질감이 맞지 않는다면 세몰리나에 미지근한 물을 넣어 반죽하여 담배 모양으로 잘라 손가락으로 당겨 생면을 만들 수 있습니다(면 레시피는 오레키에테 반죽 149p).

# 열무로 맛을 낸 오레키에테

　나폴리 근교의 오아시스 레스토랑 셰프인 주세피나 할머니에게서 배운 면으로, 알폰소의 야식 중에서 가장 많이 등장한 것이 생면 오레키에테였다. 원하는 모양이 나오지 않아 틈이 날 때면 세몰리나로 반죽하여 면을 만들곤 했던 기억이 오래 남는다.

셰프 주세피나

**생면 오레키에테**

1) 세몰리나에 물과 소금을 넣어 10여 분 치댄 후, 랩핑을 하여 냉장고에 넣어 10분 정도 휴직을 주세요.

2) 반죽을 새끼 손가락 두께로 길게 성형한 후 3㎝ 간격으로 잘라 작은 칼등으로 눌러 당겨 말리면 반대로 뒤집어 속이 빈 조개껍질 모양을 만들어 주세요.

3) 실온에 1시간 정도 말린 후 삶아서 사용하면 형체가 그대로 유지되므로 겉을 말려서 사용하세요.


- 재료 준비: 열무는 잎만 끓는 소금 물에 무를 때까지 삶아서 찬물에 씻어 물기를 제거하여 5㎝ 간격으로 잘라 주세요. 베이컨은 2㎝ 간격으로 썰어 주세요.

열무를 넣은 오레키에테

1) 팬에 올리브유를 두르고 마늘 편을 넣어 색이 나면 베이컨, 앤초비와 데친 열무, 이태리 고추 순으로 넣어 볶아 주세요.

2) 치킨 육수와 콜라투라를 넣어 열무에 맛이 들게 해 주세요.

3) 삶은 생면과 약간의 면수를 넣고 볶다가 후추, 파마산치즈 가루와 버터를 넣어 에멀전 해주시고 마지막으로 맛을 봐주세요.

4) 접시에 담고 이태리 파슬리를 올리면 완성입니다.

> **Tip** 열무는 가급적 연한 잎으로 사용하고 뿌리가 얇은 무를 사용해도 좋고, 무 청 시래기를 이용해서 파스타를 만들기도 합니다. 베이컨보다 생 삼겹살 을 사용하면 깊은 맛을 낼 수 있습니다.

돌돌 말이 피자
이태리식 만능소스 피자
별 모양 스텔라 피자
라켓피자
카르토차타 시칠리아나
반달 모양 칼조네 피자
튀긴 피자 판제로티
시카고 딥 디쉬 피자
텔리아 피자
1) 악마풍의 텔리아 피자
2) 스테이크, 프로쉬토 텔리아 피자
팔라 피자
1) 팔라 비앙카
2) 루콜라, 프로쉬토 팔라 피자

D
오늘의
야식은
피자

# 돌돌 말이 피자

　서촌의 이탈리안 피자 집인 이태리 총각의 시그니처 메뉴인 돌돌 만 피자를 시식을 하고 알폰소 스타일 데로 변화를 준 메뉴다. 여러 사람들과 나눠 먹을 수 있는 장점이 있는 스타일이죠. 하지만, 드실 때 내용물이 흘러 나오는 단점도 있는 피자죠.

**재료**　나폴리식 피자 도우 230g(216p), *수비드 닭 가슴살 ½개, 미트소스 150g(205p), 피자치즈 80g, 완숙 토마토 ½개, 로메인 상추 5장, 루콜라 5장, 파마산치즈 슬라이스 20g, 시저 드레싱 100g(209p), 방울토마토 3개, 발사믹 크레마 50g

**닭 가슴살 수비드**　닭 가슴살 1개, 으깬 마늘 1개, 올리브유 20㎖, 로즈마리 1줄기, 소금, 후추 약간씩, 진공 팩 1장

- 치킨 수비드: 진공 팩에 소금, 후추 간을 한 닭 가슴살을 넣고 올리브유, 마늘, 로즈마리를 넣고 진공을 한 다음, 65도 물에 넣고 2시간 동안 저온으로 조리를 하면 완성됩니다.
- 재료 손질: *수비드(Sous vide) 닭 가슴살은 얇게 슬라이스 하고, 로메인은 채 썰고 토마토는 반으로 자르고 0.3㎝ 두께로 얇게 슬라이스 해줍니다.

1) 피자 도우는 손으로 밀고 미트 소스를 바르고 치즈를 올려 300도 오븐에 단시간 구워 색이 나면 꺼냅니다.

2) 꺼낸 피자 중앙에 채 썬 로메인 상추, 수비드 한 닭 가슴살, 토마토와 시저 드레싱을 뿌려 돌
   돌 말아 주세요.

3) 말린 피자는 한입 크기로 썰어 접시에 담은 후, 여분의 시저 드레싱을 곁들이고 발사믹 리덕
   션을 뿌리고 파마산 치즈 슬라이스, 루콜라를 올려 마무리합니다.


* 수비드(Sous vide): 분자 조리법의 하나로 장시간 진공 저온 조리하는 방법으로 약한 온도에
  서 단백질을 응고시키는 방법을 말한다. 이 조리법은 재료 본연의 풍미를 살릴 수 있는 장점이
  있다.

# 이태리식 만능소스 피자

작년 한 해 먹방과 쿡방이 선풍적인 인기를 끌며 스타셰프들의 레시피가 큰 이슈가 되었는데, 그 중 하나가 한식에서의 만능 양념장이라는 키워드였다.

이태리식 만능소스        만능소스를 올린 브루스케타

그러면서 '각 나라의 양념장으로 무엇이 있을까?' 하는 의문점에서

출발하여 알폰소가 이탈리안식으로 재해석한 양념장으로, 그릴 한 모 둠 채소가 기본 베이직이 된 소스였다. 이 소스를 이용해 홍보 촬영한 베로나 메뉴였다. 이 피자의 이름은 피자 알라 자르디니에레(pizza alla giardiniere)라고 지었다. 즉, 정원사 스타일의 피자라는 뜻인데, 르네상 스 시대에는 식재료를 정원사가 정원에서 주로 길렀다고 해서 이름을 붙였다.

준비하기

### A. 만능 소스 만들기

> **재료** 이태리 토마토 2개, 빨강 파프리카 ½개, 애호박 ½개, 가지 ½개, 올리브유 100㎖, 다진 마늘 5g, 굵은 소금 약간, 후추 약간, 드라이 오리가노 5g, 이태리 고추 1개, 레몬 ¼개, 바질 3장, 파마산 치즈 가루 20g

만드는 방법

* 그릴 야채 준비하기

1) 파프리카는 직화로 구워 차가운 얼음 물에 담가 껍질을 벗겨 주세요. 껍질 벗긴 파프리카는

씨를 제거하여 4등분해 물기를 제거해 줍니다.

2) 가지와 호박은 세로7㎝, 두께 1㎝ 간격으로 잘라 앞뒤로 소금을 뿌려 가지는 쓴맛을 제거하기 위해 1시간 정도 절여 줍니다. 절여진 야채는 물기를 제거해 주세요.

3) 토마토는 4등분하여 씨를 제거하고 소금으로 밑간을 한 후, 1시간 후에 물기를 제거해 주시고 물기가 제거된 가지, 호박, 파프리카, 토마토는 그릴에 구운 후 식혀 두세요.

* 소스 완성하기

1) 깊은 볼에 마늘, 올리브유, 오리가노, 바질을 넣고 핸드 블랜더를 이용해서 입자 있게 바질 페스토를 만들어 줍니다.

2) 5㎝ 간격으로 자른 구운 야채를 조금씩 넣어 가면서 되직한 상태의 구운 야채 페스토를 만들어 줍니다.

3) 야채의 씹히는 맛이 나도록 입자가 있게 갈아 주시고, 마지막에 레몬즙을 넣고 부족한 간은 파마산 치즈와 소금, 후추로 해서 마무리해 주세요. 기호에 따라 고추를 넣어 매콤하게 만들 수도 있습니다.

## B. 만능 소스를 이용한 피자

**재료**  로마식 피자 도우 160g(215p), 만능 소스 100g, 피자 치즈 80g, 베이비 루콜라 20g, 파마산 치즈 가루 20g, 방울 토마토 3개(4등분)

완성하기

1) 얇게 밀은 피자 도우에 만능 양념장을 바르고 피자치즈를 올려 300도 이상의 화덕에 구워 주세요.

2) 나온 피자는 자르고 접시에 담아 간을 한 루콜라와 방울 토마토를 올리고 파마산 치즈를 올리면 완성됩니다.

Tip

구운 채소 페스토는 바질 페스토를 기본으로 하여 선호하는 야채를 넣어 만든 것으로, 냉장고에 넣어 두었다가 언제나 편한 시간에 빵의 딥(dip)으로 먹을 수 있는 이태리식 양념장입니다. 저는 구운 채소 페스토를 피자소스에 활용하여 정원사 스타일의 피자로 응용해 봤습니다. 토마토는 건 토마토를 사용하면 감칠맛이 배가됩니다.

# 별 모양 스텔라 피자

별 모양 피자로 몇 년 전에 선풍적인 인기를 끌며 국내 이탈리안 피자집에서 많이 선보였던 메뉴로, 알폰소의 야식 스타일로 변화를 준 메뉴다.

**재료** 나폴리식 피자 도우 230g(216p), 피자치즈 120g, 파마산 치즈 가루 30g, 모차렐라 치즈 30g, 루콜라 30g, 프로쉬토 슬라이스 2장, 소금, 후추 약간씩, 피자소스 60g(204p)

**고구마 퓨레** 삶은 고구마 150g, 다진 살라미 10g, 버터 10g, 파슬리 다진 것 3g, 생크림 100g, 소금, 후추 약간씩

– 고구마 퓨레 만들기: 고구마는 호일로 싸서 180도 오븐에 30여 분 구워 주세요. 볼에 체에 내린 고구마, 데운 생크림과 버터, 파마산 치즈가루를 넣어 핸드 블랜더로 갈아 되직한 퓨레를 만들어 주세요. 마지막에 다진 살라미와 파슬리를 섞고 간을 보세요.

## 스텔라 피자 성형하기

1) 발효된 반죽을 손으로 펴주시고 6개의 칼집을 넣고, 고구마 소와 피자치즈를 자른 반죽 위에 올려 주시고 물을 바른 후 봉합을 잘해 주세요. 꼼꼼하게 눌러 벌어지지 않도록 해 주세요.
2) 성형한 피자 반죽 중앙에 토마토 소스와 모차렐라 치즈를 올려 줍니다.

봉합한 반죽 사이사이에 소스가 흐를 수 있으니 사이의 반죽을 세워 주시면 됩니다.

1) 이제 300도 이상의 화덕에 구워 주시면 됩니다. 300도 온도가 올라가지 않는 테크 오븐이라면, 가능한 높은 온도에서 단시간 구워 줍니다.
2) 굽고 나온 피자에 소금, 후추로 간한 루콜라를 올려 주시고, 마지막에 프로쉬토와 치즈 슬라이스를 올려 주시면 완성됩니다.
3) 드실 때는 한 조각씩 잘라 제공하면 됩니다.

# 라켓 피자

테니스 라켓 모양을 한 피자로, 손잡이에 색다른 소를 채워 넣어 만들었다. 다양한 토핑을 넣거나 선호하는 재료를 넣어 깜짝 파티를 할 수 있는 피자로 추천한다.

**재료**  나폴리식 피자 도우 230g(216p), 피자소스 80g(204p), 피자 치즈 80g, 양송이 4개, 아티초크 1개, 블랙 올리브 2개, 녹색 올리브 2개, 삶은 달걀 1개, 이태리 파슬리 다진 것 3g, 올리브유 10㎖, 프로쉬토 슬라이스 1장, 루콜라 5줄기, 소금, 후추 약간씩

**리코타 치즈 소**  리코타 치즈100g, 데친 시금치 50g, 다진 양파 10g, 파마산 치즈 가루 10g, 버터 10g

- 재료 손질: 올리브는 얇게 슬라이스 하고 아티초크와 달걀은 6등분으로 잘라 주세요.

- 양송이 구이: 껍질 벗긴 양송이는 6등분해서 팬에 올리브유를 두르고 센 불에서 색을 내어 볶고 소금, 후추로 간을 한 후, 파슬리를 넣어 올리브유를 넉넉히 넣어 식혀 둡니다. (물이 나오지 않도록 센 불에서 볶아 주세요.)

- 시금치 소: 시금치 잎만 떼서 소금물에 데쳐 찬물에 식혀 물기를 제거하고 곱게 다져 주세요. 팬에 버터를 두르고 양파, 데친 시금치 순으로 살짝 볶아서 소금, 후추로 간을 해 주세요. 얼른 헤쳐서 식혀 주시고 리코타 치즈와 섞고 소량의 파마산 치즈를 넣어 양념을 해 주세요.

- 성형하기: 손으로 반죽을 펴고 반죽 한쪽을 길게 늘려 주세요. 손잡이 부분에 시금치, 리코타 소를 채우고 잘 봉합해 주세요. 다시 반죽을 원형으로 편 다음, 피자소스를 바르고 피자치즈를 올린 후, 준비한 올리브, 아티초크, 버섯 등을 균일하게 올려 줍니다.

완성하기

1) 토핑한 피자를 300도 이상의 화덕에 구워 줍니다. 테크 오븐이라면 가능한 높은 온도에서 구워 주세요.
2) 꺼내서 손잡이 부분을 한입 크기로 자른 후, 원형 피자 위에 달걀과 프로쉬토 그리고 루콜라를 올려 마무리합니다.

# 카르토차타 시칠리아나

　카르토차타(Cartocciata)는 시칠리아 카타냐(Catania)의 대표적인 길거리 음식이다. 이 음식은 국내 스타 셰프들이 시칠리아의 미식기행을 떠나면서 방송으로 알려진 시칠리아의 카페 메뉴 중 하나로, 현지 시칠리아인들이 좋아하는 음식이다. 이 요리와 비슷하게 만든 것으로, 발효된 피자반죽에 소를 채워 오븐에 구워 내는 짭조름한 음식을 알폰소 입맛에 맞게 변형을 준 야식이다.

**카르토차타 반죽**　강력분 1㎏, 소금 20g, 생 이스트 20g, 미지근한 물 600g, 돼지기름 70g

**카르토차타 소**　데친 시금치 60g, 피자 치즈40g, 모르타델라 2장, 소금, 후추 약간씩, 파마산 치즈 가루 10g

**재료**　카르토차타 반죽 2개(100g), 달걀 1개, 우유 약간

소 준비: 물기 제거한 데친 시금치는 밑간을 해 주고 피자치즈, 파마산 치즈가루, 다진 모르타델라를 섞어 준비합니다.

 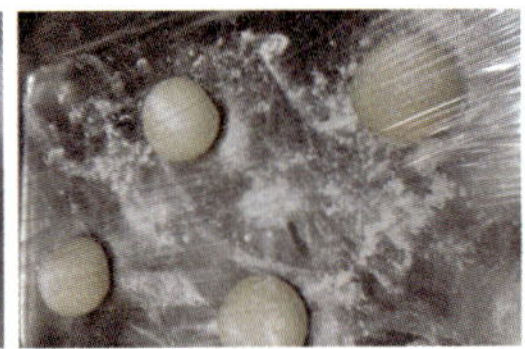

- 반죽하기: 믹싱기에 반죽하는데, 믹싱 마지막 단계에서 돼지기름을 섞고 글루텐을 100% 정도 잡아 줍니다. 발효기나 실온에 1차 발효를 하는데, 원 반죽에 두 배 정도로 부풀게 하고 100g으로 분할하여 실온에 벤치타임을 20분 정도 줍니다.

- 성형하기: 벤치 타임이 지난 반죽을 밀대로 밀어 가스를 빼고 3가지 내용물을 반죽 위에 골고루 올린 후, 파마산 치즈가루를 약간 뿌려 돌돌 말아 잘 봉합합니다.

1) 다시 2차 발효를 거쳐 200도 오븐에서 15분 가령 구워 주면 됩니다.

2) 굽고 나오면 노른자와 우유를 섞은 혼합물을 발라 주면 완성입니다.

카르토차타 반죽은 나폴리식 피자 도우로 사용해도 좋습니다.

# 반달 모양 칼조네 피자

반달 모양의 피자로, 원하는 재료를 소로 사용하여 굽거나 혹은 반달 모양으로 접은 반죽 위에 토핑을 올려 오븐에 굽기도 하는 나폴리 기원의 피자이다.

**재료** 로마식 피자 도우170g(215p), 양파 슬라이스 100g, 올리브유 20㎖, 다진 이태리 파슬리 5g, 토마토소스 130g(198p), 모르타델라 햄 2장, 피자치즈 80g, 파마산 치즈가루10g

– 칼조네 소: 팬에 올리브유를 두르고 양파를 넣어 볶아 주세요. 수분이 날아가면 불을 줄여 연한 갈색이 나도록 볶아 주세요. 다진 파슬리와 토마토소스를 넣어 되직하게 졸여 주시고, 마지막으로 간을 본 후에 식혀 주세요.

– 칼조네 성형: 손으로 도우를 편 후에 소를 한 쪽에 올리고 슬라이스 햄, 피자치즈와 파마산치

즈 가루를 뿌려 봉합을 하는데, 피자 반죽 끝 라인에 소량의 물을 바르고 반으로 접어 줍니다. 가급적 단단히 붙여 주시고 주름을 잡아 주세요.

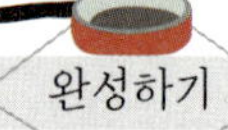



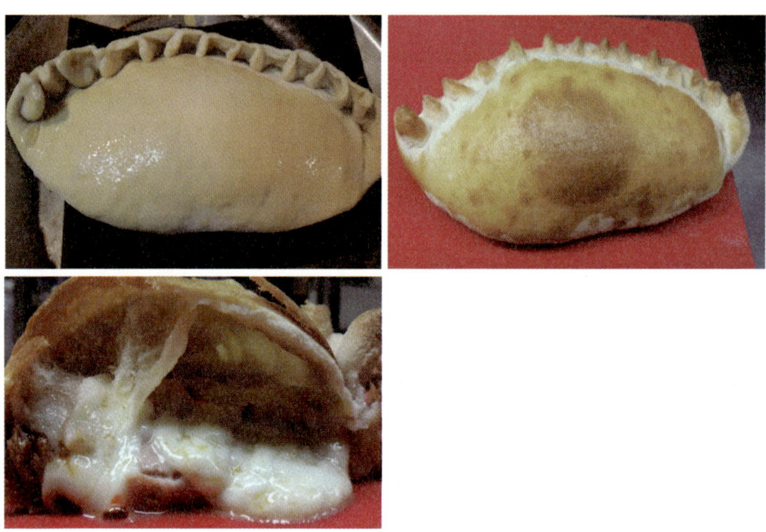

1) 성형이 된 칼조네는 300도 이상의 화덕에 구워 줍니다. 테크 오븐에는 가급적 높은 온도에서
   단시간 구워 주시면 됩니다.
2) 기호에 따라 구운 피자에 올리브 유를 발라 드셔도 좋습니다.

# 튀긴 피자 판제로티

나폴리의 소르빌로 피체리아(Pizzeria)에서 운영하는 소르빌로 프리지토리아(Sorbillo Friggitoria)에서 먹었던 튀긴 피자의 맛에 매료되어 간혹 야식으로 즐겨 먹었는데, 그때마다 스텝들에게 사랑받았던 메뉴다. 오븐에 구운 피자에 비해 고소하고 쫄깃한 질감이 큰 장점인 피자다.

**재료(1인분)** 나폴리식 피자 반죽 100g(216p), 토마토 소스 100g(198p), 튀김 기름 적당량

**판제로티 소** 피자치즈 50g, 모르타델라 햄 1장, 스위트 콘 30g, 다진 이태리 파슬리 3g, 파마산치즈 10g

**장식** 루콜라 5잎, 파마산 치즈 10g

- 소 준비: 피자치즈, 물기 제거한 스위트 콘, 다진 모르타델라 햄, 파슬리와 파마산 치즈 가루
  를 섞어 두세요.

1) 발효된 반죽을 손으로 펴고 미리 혼합한 소를 한 쪽에 올리고 가장자리에는 물을 발라 반죽을
   반으로 접어 봉합을 잘해 주세요. 내용물이 터질 수 있으므로 여러 번 봉합해 주셔야 합니다.

2) 마지막으로 주름을 잡고 끝을 눌러 주세요.

3) 170도 정도의 예열된 기름에 넣어 앞뒤로 노릇하게 튀겨 내세요.

반죽 안에 피자 소스를 넣기도 하지만, 혹여 반죽이 축축해져 반죽이 터질
수 있으니 드실 때 같이 곁들여도 좋습니다.

# 시카고 딥 디쉬 피자

2015년 한 해 동안 젊은이들에게 사랑을 받은 피자로, 홍대를 시작으로 선풍적인 인기를 끌었던 메뉴이다. 이태원 시카고라는 매장을 다녀온 후, 그 맛에 매료되어 야식으로 만들어 봤던 메뉴다. 이 피자는 치즈가 엄청 들어가고 피자 반죽도 이탈리안식과는 차이가 있어 이색적인 피자였다. 특히, 시카고 피자는 치즈 위에 피자소스를 올리는 독특한 방식으로 만들어졌다.

**재료** 나폴리식 피자 반죽 230g(216p), 미트소스 200g(205p), 양송이 버섯 5개, 모차렐라치즈 슬라이스 6조각, 피자치즈120g, 파마산 치즈가루 40g, 다진 이태리 파슬리 10g, 무스 틀 1개, 가지 1개, 소금, 후추 약간씩, 튀김가루 1컵, 이태리 고추 2개, 튀김용 기름

- 야채 준비: 가지는 길이로 4등분하여 어슷썰기를 한 후 소금과 후추로 간을 하고 튀김가루를 발라 기름에 튀겨 냅니다. 양송이는 껍질을 벗기고 밑동의 끝 부분을 얇게 제거하고 반으로 잘라 각각 4등분 하고 올리브유를 두르고 팬에 볶아 주세요. 마지막에 간도 해 주시고요.
- 피자 소: 팬에 미트소스와 약간의 이태리 고추를 넣어 데우면서 소스를 졸이고 볶은 양송이와 튀긴 가지를 섞고 불에서 드러내어 파마산 치즈가루로 최종 맛을 내주세요.

완성하기

1) 두툼하게 편 피자 도우는 무스 틀 안쪽에 넣고 여분의 반죽은 밖으로 내고 모차렐라, 피자치즈 ½ 분량을 먼저 깔고, 그 위에 피자 소를 위에 올리고 꾹꾹 눌러 주세요. 그리고 다시 남아 있는 치즈를 올려 주면 됩니다. (기호에 따라 치즈를 밑에 넣고 위에 피자소를 올려도 좋습니다.)

2) 예열된 200도 테크오븐에 20분 정도 구워 주시면 색이 납니다. 피자를 꺼내 무스 틀을 빼고 파슬리 가루를 뿌려 완성합니다.

기호에 따라 치즈가 늘어나는 질감이 좋다면 모차렐라 블록 치즈를 쓰면 더욱 맛있는 피자를 즐길 수 있습니다.

# 텔리아 피자

피자 텔리아는 '텔리아(Teglia)'라고 하는 오븐 팬에 발효된 반죽을 얇게 펴서 토핑을 올린 후 오븐에 구워 한입 크기로 잘라 판매하는 로마식 피자를 말한다. 로마의 카페 등지에서 흔히 볼 수 있는 사각 피자의 한 종류로, '피자 알 탈리오(Pizza al Taglio)'라고 불리는 조각 피자다. 이 피자의 특징은 겉은 딱딱하지만 속은 부드럽고 담백한 것이 특징이며, 식으면 다시 오븐에 데워도 질감이 좋은 피자다.

*** 텔리아 반죽하기 (손 반죽용)**

**재료** 강력분 397g, 얼음 물 308g, 생 이스트 6g, 소금 12g, 올리브유 10g
**준비물** 오븐 팬 (410x310x10㎜), 반죽 커터기, 테크오븐

## 1. 반죽하기

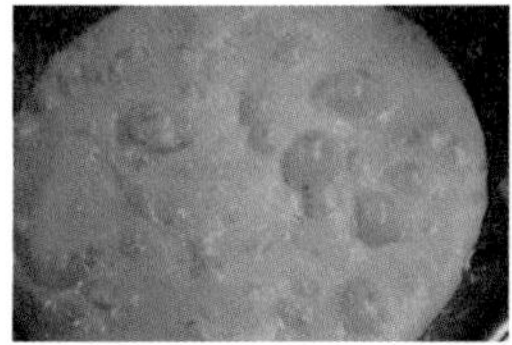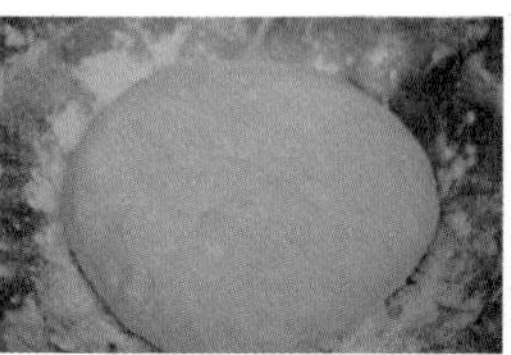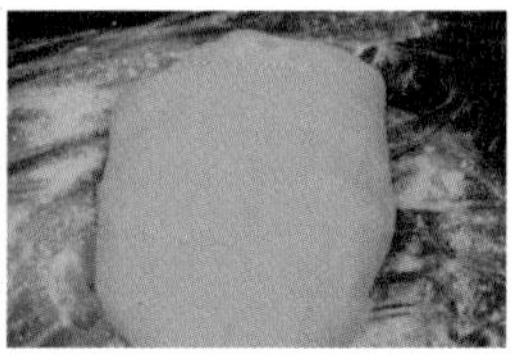

1) 믹싱 볼에 얼음 물을 넣고 이스트를 넣어 녹인다. 밀가루 양을 처음에는 30% 정도만 넣고 거품기로 저어서 밀가루와 얼음물을 잘 섞어 줍니다.

2) 섞은 반죽에 소량씩 남은 밀가루를 넣어 계속 섞어 줍니다. 총 밀가루 양의 약 20% 정도만 남기고 반죽을 잘 섞어 줍니다. (반죽이 질어 고무 주걱으로 저어 주세요.)

3) 소금을 넣어 반죽하고 마지막에 올리브유를 넣어 골고루 섞어 줍니다.

4) 테이블 바닥에 남은 밀가루를 뿌리고 반죽이 달라붙지 않도록 합니다. 고무주걱을 이용해서 반죽을 운반하여 밀가루 위에 올려 주세요.

5) 반죽 위에도 밀가루를 뿌려 달라붙지 않도록 포개듯이 손으로 반죽을 치대면서 글루텐을 잡아 줍니다.

6) 남은 여분의 밀가루를 이런 방법으로 다 사용합니다. 글루텐은 50% 상태까지만 해도 나쁘지 않습니다.

7) 완성된 반죽은 테이블 위에서 30여 분 정도 발효시킨 후 가스를 빼고 볼에 담아 냉장고에 48시간 저온 숙성을 합니다. 저온 숙성온도는 냉장고 온도인 3-6도가 적당합니다.

반죽기를 이용할 경우, 밀가루 양에 물 양은 65%만 먼저 넣어 글루텐을 넉넉하게 잡고, 남은 물과 이스트, 소금, 오일 순으로 작업하여 진행하시면 됩니다. 이 반죽법은 후염법으로 하여 글루텐의 좋은 영향을 줄 수 있고 긴 시간 동안 냉장 숙성을 거치기 때문에 글루텐을 100% 잡지 않아도 훌륭한 질감을 얻을 수 있습니다. 수분의 양이 많으므로 쫄깃한 식감의 피자를 만들 수 있습니다.

## 2. 발효 및 팬닝 하기

1) 이틀 동안(48시간) 냉장고에 저온 발효된 반죽은 넉넉하게 덧밀가루를 뿌려 손에 달라붙지 않도록 합니다. 반죽은 370g 정도로 분할한 후 2차 발효를 거칩니다. 1시간 혹은 2배 정도 부피가 될 때까지 발효를 해 줍니다.

2) 바닥에 밀가루를 뿌리고 발효된 텔리아 반죽은 팬 크기에 맞게 여덟 손가락으로 반죽을 눌러 크기를 늘리면서 반죽의 공기를 조금만 빼 줍니다. (가스를 완전히 다 빼게 되면 기공이 적고 잘 부풀지 않는 단점이 생깁니다. 버블이 높은 반죽을 굳이 터트리지 않아도 됩니다. 반죽을 손가락으로 균일하게 눌러 줘야 합니다.)

3) 늘린 반죽은 한쪽 손목에 걸치고 다른 손등에 올려 팬으로 이동합니다.

4) 팬 빈 공간에 반죽을 늘려 균일한 두께로 반죽을 펴 줍니다.

기호에 따라 조금 더 부드러운 식감의 피자를 원한다면 저온 숙성기간을 60시간까지 연장시킬 수 있습니다.

## 3. 토핑 후 굽기

1) 팬닝(panning)한 도우에 원하는 소스를 바르고 약간의 소금과 올리브 유를 뿌려 줍니다.

2) 토핑을 올려 270~280도 테크 오븐에 구워 주세요. 10분 미만으로 구워 줍니다. 한쪽이 색
   이 나면 반대로 돌려 골고루 익힌 후 꺼내 원하는 크기로 잘라 허브나 향신 채소 등을 올려
   장식하여 드시면 됩니다.

# 1) 악마풍의 텔리아 피자

알라 디아볼라(alla Diavola)는 '악마풍'이라는 의미로 매콤한 살라미 (Salami)와 이탈리안 고추 페페론치니(Peperoncini)가 들어가 매워 입이 얼얼하게 만들어 내는 피자를 말한다. 부드러운 치즈와 매콤한 재료가 이상적인 맛을 이끌어 내는 피자라 스텝들의 야식으로 즐겨 먹었다.

1) 반죽을 팬에 성형을 한 후 피자소스를 바르고 약간의 소금과 올리브 유를 뿌리고 피자치즈와 모차렐라 치즈를 올린 후 살라미를 올려 주세요.

2) 마지막에 이태리 고추인 페페론치니를 골고루 뿌려 주세요

3) 280도 오븐에 10분 미만으로 구운 후 원하는 크기로 잘라 주시고, 기호에 따라 페페론치니를 더 뿌려 드셔도 좋습니다.

Tip 기호에 따라 원하는 채소를 올려 드셔도 좋습니다.

# 2) 스테이크, 프로쉬토 텔리아 피자

**재료**  텔리아 반죽 370g, 피자 소스 200g(204p), 피자치즈 150g, 모차렐라 치즈 100g, 베이비 루콜라 50g, 보콘치니 치즈 100g, 소고기 등심 100g, 소금, 후추 약간씩, 프로쉬토 5장, 선 드라이 토마토 10개(214p), 파마산 치즈 슬라이스 20g

**준비물**  텔리아 오븐 팬(410x310x10㎜) 1개

1) 등심은 소금, 후추로 간을 하고 그릴에 구운 후 팬 프라잉(Frying)하여 굽기를 미디움

(Medium) 정도로 맞춥니다. 피자 나오기 5분 전에 구워 *레스팅(Resting)하여 부드럽고 풍미
를 더해 준 후, 한입 크기의 편으로 잘라 줍니다.

완성하기

1) 텔리아 반죽을 팬에 올려 놓고 피자소스를 바릅니다. 바른 토핑 위에 소금과 올리브유로 간
   을 한 후, 피자치즈와 모차렐라 치즈를 올려 280도 테크 오븐에서 10분 미만으로 구워냅니다.
2) 구운 텔리아 피자는 원하는 크기로 잘라 루콜라 치즈와 파마산 치즈 가루 그리고 보콘치니 치
   즈, 레스팅한 슬라이스 고기를 군데군데 올려 마무리합니다.

*레스팅은 스테이크를 굽고 3-5분 정도 쉬게 하여, 고기를 잘랐을 때 육즙이 흘러나오는 것을 방
 지하고 부드럽게 먹기위한 방법입니다.

# 팔라 피자

　'팔라(Pala)'라는 말은 이태리어로 '막대기, 삽'이란 뜻이다. 발효된 반죽을 얇게 성형하여 나무 판 위에 올려 오븐에 구워 내는 타원형 혹은 직사각형의 로마식 피자의 한 종류다. 겉은 얇고 바삭하며 속은 부드럽고 쫄깃하고, 담백한 형태의 피자다. 사용 방법에 따라 반죽을 초벌로 구워서 토핑을 올려 굽기도 한다. 팔라 반죽은 다른 반죽에 비해 질어서 성형과 굽기 등이 어렵지만 맛은 훌륭하다.

*** 팔라 반죽하기**

**재료**　강력분 1700g, 생 이스트 14g, 얼음 물 1400g, 소금 38g, 올리브유 65g

## 1. 반죽하기

1) 믹서기에 밀가루, 생 이스트, 얼음 물(밀가루 양에 70%)를 넣고 반죽을 한다. 반죽을 치댄 후 글루텐은 50-60% 정도로 잡아 주세요

2) 원하는 정도에 글루텐이 잡히면 소금과 30% 여분의 얼음 물을 넣어 골고루 섞어 반죽을 합니다. 마지막에 올리브유를 넣어 반죽을 계속해 주세요.

3) 반죽이 고루 풀어지고 다시 부드러운 반죽이 되면 정지해 주세요. 반죽의 최종 온도는 22도가 넘지 않도록 하며 반죽이 완성되면 30분 정도 반죽기 안에서 휴직을 시켜 줍니다.

4) 반죽이 질기 때문에 양손을 알뜰 주걱을 사용하는 것처럼 양손을 교차해 가면서 반죽통에 옮겨 담아 주세요.

## 2. 발효 및 성형 과정

1) 발효통에 담긴 반죽은 냉장고 온도 3-6도에서 48시간 동안 냉장 저온 숙성 기간을 거쳐야 합니다. (3일 된 반죽은 기공이 더 크며 구워진 반죽의 질감이 더 부드러워진다.)

2) 숙성된 반죽이 달라붙지 않도록 밀가루를 뿌려 가면서 원하는 크기로 제단하고 롤링을 합니다. 반죽이 질기 때문에 넉넉한 밀가루를 손과 반죽 표면에 뿌려 가면서 호떡 반죽처럼 봉합을 한 후, 발효판에 올려 2차 발효를 거친다. 2배 정도의 크기가 되면 다시 밀가루를 작업대와 반죽 표면에 뿌려서 작업을 합니다.

*성형하기

3) 두 배로 발효된 반죽을 길게 늘리고 가로로도 늘리는데, 양손으로 천천히 늘려 줍니다. 넉넉히 밀가루를 작업대와 반죽 위에 뿌려 열 손가락 끝으로 반죽을 편편하게 눌러 골고루 공기를 빼 주세요. 반죽이 매우 부드럽기 때문에 조심스럽게 반죽을 다뤄야 합니다.

4) 길게 반죽한 팔라 반죽은 양 팔목에 걸쳐서 조심스럽게 팔라(Pala: 나무 판) 위에 올려 놓습니다. 올려진 반죽은 골고루 펴주세요.


## 3. 토핑 후 굽기

1) 돌판이 깔린 테크오븐이나 350-400도 피자화덕에서 단시간 굽습니다. 반죽을 넣고 부풀어 오르고 색이 나면 자리를 돌려서 구워 줍니다. 돌판이 깔린 테크 오븐을 사용할 경우, 300도 오븐에서 구워 줍니다.

2) 성형한 팔라 도우에 소금을 살살 뿌리고 올리브유를 뿌린 후 300도 오븐에 구우면 기본 팔라 비앙카(Pala bianca)가 됩니다.

3) 바쁜 매장에서는 팔라 비앙카를 구워 놓고 사용할 수 있는데, 오븐에 넣어서 부풀어 오르고 반죽이 색이 나기 전에 꺼내 식힌 후, 당일 사용할 경우에는 실온에, 그 이상 사용할 경우에는 냉동시켜 사용할 수 있습니다.

4) 원하는 소스와 토핑을 올려 굽습니다. 허브와 채소류는 굽고 나오면 간단하게 조미를 한 후 올려 마무리합니다.

# 1) 팔라 비앙카

완성하기

1) 2차 발효된 반죽을 양 손가락으로 눌러 성형을 한 후에 팔라 판에 조심스럽게 올려 소금, 올리브유를 뿌려 300도 테크오븐에 구워 주세요.

2) 애벌로 구워 사용할 목적인 팔라 비앙카를 할 때는 반죽이 최대 부풀어오르는 순간에 꺼내야 합니다. 색이 나면 질겨질 수 있으므로 색이 나면 절대 안 됩니다. (300도 오븐이면 2-3

분 미만입니다.) 팔라 비앙카로만 드실 때는 굽고 나오면 올리브 유와 파마산 치즈 가루를 뿌려 맛을 낼 수 있습니다.

색이 진하게 난 팔라 비앙카를 보관해서 토핑하여 구우면, 팔라 피자가 전체적으로 질겨지는 단점이 있습니다. 팔라 비앙카는 팔라 도우의 담백한 맛과 쫄깃한 질감을 맛볼 수 있는 피자임으로 용도를 잘 파악하여 적용하는 것이 중요하다.

# 2) 루콜라, 프로쉬토 팔라 피자

1) 팔라도우는 성형하여 피자소스를 발라 주세요. 반죽의 간을 위해서 굵은 소금과 올리브유를 뿌린 후, 4등분한 방울 토마토를 올리고 피자치즈와 모차렐라 치즈를 올려 주세요.

2) 400도 화덕에서 구워 냅니다. (테크오븐을 사용해도 좋습니다.)

3) 구워 낸 팔라 피자는 원하는 크기로 자르고 루콜라와 파마산 치즈 슬라이스 그리고 프로쉬
  토를 올립니다.

Verona kitchen

Verona Hall

토마토소스
갑각류소스
베샤멜소스와 화이트소스
피자소스
미트소스
시칠리안 페스토소스
시저 드레싱
바질 페스토
치킨 육수와 농축 육수
선 드라이 토마토 만들기
피자 반죽
1) 로마식 피자 반죽
2) 나폴리식 피자 반죽

E

기본
소스 및
육수

# 토마토소스

　토마토소스를 만드는 방법에는 여러 가지가 있습니다. 당이 풍부한 생토마토를 그대로 끓여서 만드는 경우와 토마토 수확철이 지나게 되면 캔 토마토를 이용하거나 가을에 수확한 토마토를 가지고 한번 끓여 만든 모체소스를 사용하게 됩니다. 셰프들마다 소스를 끓이는 방법도 다양한데, 토마토 소스를 끓이는 방법 또한 원가에 따라 달라집니다. 토마토 홀(캔 제품)을 기본으로 하는데, 여기에 신선한 맛을 첨가하기 위해 생토마토를 섞어서 사용하는 것이 이상적일 수 있습니다.

**재료**  토마토 캔 (3.8kg) 1캔, 으깬 마늘 4쪽, 다진 양파 150g, 후레쉬 바질 5잎, 설탕 20g, 드라이 오리가노 4g, 올리브유 80㎖, 소금, 후추, 설탕 약간씩

1) 토마토 홀은 볼에 넣어 손으로 으깨 줍니다. 냄비에 으깬 마늘과 올리브유를 넣어 마늘 향을 뺀 후, 다진 양파를 넣고 노릇하게 볶아 줍니다. 양파는 숨이 죽고 연한 갈색 빛이 나면 불을 줄이고, 드라이 오리가노를 넣어 조금 더 볶아 줍니다. (지나치게 드라이 스파이스를 많이 넣으면 토마토 소스가 지저분할 수 있어 소량 사용하는 것이 이상적입니다.)

2) 으깬 토마토 홀을 넣어 끓으면 불을 줄여 20여 분 정도 끓입니다. 끓이는 도중 지나치게 졸면 물을 넣어 부드러운 맛이 나도록 끓입니다. 기호에 따라 신맛이 강한 토마토 홀에는 설탕을 미세하게 넣고 끓일 수 있습니다. (기호에 따라 방울 토마토를 소량 넣어 신선한 맛을 낼 수 있습니다.)

3) 농도는 되직하게 끓이고 불을 끄기 1분 전에 프레시 바질 슬라이스를 넣고 소금, 후추로 간을 한 후, 여분의 올리브유를 두르고 불을 꺼 주세요.

기호에 따라 끓인 토마토 소스를 부드럽게 먹기 위해 파사베르두레 (Passaverdure)라는 채소 분쇄기에 갈아서 사용하거나 핸드 블랜더나 믹서기에 갈아 체에 곱게 내려 사용하는 경우도 있습니다. 이것은 요리 형태나 기호에 따라 선택할 수 있습니다.

# 갑각류소스(비스큐소스)

　아메리카나 소스는 갑각류 껍질을 이용해서 만든 소스로 갑각류인 게, 랍스터, 새우 등을 이용해서 만든 소스다. 이 소스는 파스타 소스에 다양하게 응용이 가능하며, 아메리카나 소스에 생크림, 토마토 소스를 가감하여 풍부한 소스의 맛을 낼 수도 있다.

**재료**　랍스타 껍질 2마리 분량, 통 꽃게 1마리, 버터 80g, 브랜디 20㎖, 양파 1개, 당근 100g, 샐러리 ½대, 마늘 4개, 이태리 토마토 2개, 이태리 파슬리 4줄기, 월계수 잎 3장, 통 후추 5g, 토마토 페스트 140g, 야채 육수 혹은 찬물 3리터, 밥 90g

1) 꽃게는 등 껍질을 벗기고 허파를 제거하여 4등분하여 랍스터 껍질과 함께 180도 오븐에서 앞뒤를 번갈아 가면서 20분 정도 구워 줍니다. (부서질 정도로 구워 주세요.)

2) 냄비에 버터를 두르고 깍둑썰기 한 양파, 당근, 샐러리와 으깬 마늘 순으로 볶습니다. 구운 갑각류 껍질도 볶으면서 브랜디를 넣어 잡내를 날려 주세요.

3) 불을 약 불로 줄인 후 토마토 페스트를 넣어 볶다가 육수, 향신료를 넣고 밥을 넣어 1시간 정도 푹 끓여 줍니다. (시간적 여유가 있다면 밥 대신 쌀 50g 정도를 넣어 사용을 하시면 됩니다.)

4) 끓이는 도중에 떠오르는 거품은 걷어내지 않도록 합니다. (넉넉하게 두른 버터가 갑각류와 맛이 들었기에 랍스터 버터를 만들어 냅니다. 랍스터 버터는 요리 마지막에 넣으면 풍미를 더해 줍니다.)

5) 마지막 단계에서 갑각류를 걸러 낸 후, 핸드 블랜더로 곱게 갈아서 고운 체에 내려 냄비에 다시 올려 농도를 조절하고 소금, 후추로 간을 한 후 불을 끄고 버터 한 스푼을 넣어 *버터 몬테 (Butter Monté)를 합니다.

* 버터몬테는 소스를 끓이는 마지막 단계에 불을 끄고 넉넉한 버터를 넣어 맛과 풍미, 광택을 주는 조리 테크닉을 말한다.

# 베샤멜소스와 화이트소스

흰색의 모체소스인 베샤멜과 화이트소스를 만들기 위해서는 *루 (Roux)를 알아야 한다. 루는 화이트 루, 브론드 루, 브라운 루가 있는데, 이 중 밀가루와 버터를 냄비에 색이 나지 않도록 볶은 것이 화이트 루(white roux)다. 여기에 데운 우유를 끓여서 만든 것이 베샤멜이고, 우유를 넉넉하게 넣어 묽게 끓인 것이 화이트소스다. 크림소스의 모체가 되는 것이 화이트소스이기 때문에 이 방법을 반드시 숙지해야 한다.

* 루는 동량의 버터와 밀가루를 볶은 것을 말합니다.

**재료(용량: 500㎖)** 밀가루 40g, 버터 40g, 우유 1.5리터, 월계수 잎 2장, 양파 10g, 정향 2개, 소금 약간

1) 소스 팬에 버터와 밀가루를 넣어 볶아 화이트 루를 만들어 주세요.

2) 데운 우유를 여러 번 나눠 가며 붓고, 덩어리 지지 않게 매끄러운 크림 형태로 풀어 줍니다.

3) 주걱으로 부드럽게 풀어지면 남아 있는 우유를 넣어 끓여 줍니다.

4) 끓은 베샤멜 소스에 넉넉한 우유를 부어 월계수 잎, 양파에 정향을 꽂은 것을 넣어 10여 분 묽게 끓여 주면 화이트소스가 됩니다.

5) 마지막에 원하는 농도가 나면, 체에 걸러 사용합니다.

베샤멜과 화이트소스는 파스타뿐만 아니라 이탈리아 요리에 사용하는 모체소스인데, 파스타를 그라탕을 하거나 농후제로 또는 크림소스 등에 섞어 사용할 수도 있습니다.

# 피자소스

**재료** 토마토 홀 1캔(3.8㎏), 드라이 오리가노 5g, 엑스트라 올리브 오일 50㎖, 꿀 약간, 소금, 후추 약간씩, 프레시 바질 슬라이스 5잎

완성하기

1) 토마토 홀 캔 내부에 과육만을 골라 핸드 블랜더로 갈아 캔의 주스와 같이 고운 체에 넣어 수분을 제거해 주세요.

2) 수분이 제거된 곱게 갈은 과육에 소금, 후추, 올리브유, 오리가노, 슬라이스 바질 등을 넣어 양념을 해 주세요. 토마토 홀은 제품에 따라 당도가 다르므로 꿀을 사용하여 신맛을 조절할 수 있습니다.

Tip 지나치게 과육을 갈면 색이 연해지므로 큰 덩어리가 없을 때까지만 갈아 주도록 하고 수분을 덜 제거하면 피자 도우가 찢어질 수 있으니 주의하세요.

# 미트소스

  미트소스는 볼로냐 스타일과 나폴리 스타일이 유명한데, 볼로냐식은
재료들을 크게 다져서 끓이는 반면 나폴리식은 덩어리 고기를 토마토
소스에 오랫동안 끓여 만들어 내는 방법이다. 여기서는 볼로냐식과 비
슷하다고 볼 수 있다.

**재료**  으깬 마늘 2쪽, 다진 양파 50g, 다진 당근 30, 다진 샐러리 20g, 로즈마리
1줄기, 다진 양송이 2개, 다진 소고기 60g, 다진 돼지고기 40g, 올리브 오일 20㎖,
버터 10g, 레드 와인 20㎖, 토마토 페스트 60g, 토마토 홀(캔) 200g, 치킨 육수
200㎖, 이태리 파슬리 2줄기, 파마산 치즈가루 30g

완성하기

1) 소스 팬에 마늘, 올리브유로 향을 낸 후, 로즈마리, 다진 양파, 당근, 샐러리, 버섯 순으로
   볶고 고기류를 볶아 주세요. 와인을 넣어 잡내를 제거하고, 와인이 날아가면 약한 불로 줄입
   니다. (되직한 토마토 페스트가 들어가면 쉽게 바닥이 눌릴 수 있으니 불을 줄여 줍니다.)
2) 토마토 페스트를 넣어 볶고 토마토 홀과 치킨 육수를 넣어 30분 정도 끓인 후 간을 하여 되

직한 미트소스를 완성합니다.

3) 되직한 소스가 되면 소금, 후추로 기본 간을 한 후 소량의 버터를 넣어 풍미를 가중 시켜줍
니다.

1) 고기는 완전히 진한 갈색이 날 때까지 볶아야 합니다. 갈색이 난 고기
는 풍미를 가중시킵니다.

2) 이탈리아산 토마토 페스트는 신맛과 떫은 맛이 없지만, 미국산 페스트는 신맛
과 떫은 맛이 유독 강하므로 사용 전에 약간의 오일을 두른 후 볶아 주면 어느
정도 신맛과 떫은 맛을 없앨 수 있습니다.

3) 고기나 야채를 가급적 다른 팬에 따로 볶아 같이 섞으면 각각의 맛을 확실히
낼 수 있습니다.

4) 볼로네제 소스는 바로 끓여서 사용하는 것이 아니라 하루 전에 만들어 숙성시
키면 감칠맛이 배어 맛이 있습니다.

# 시칠리안 페스토소스

이 페스토는 지중해의 따스한 햇빛을 받고 자란 달콤한 붉은색 토마토와 고소한 아몬드 그리고 소량의 바질이 들어가 감칠맛을 극대화시켜 주는 시칠리안 토마토 페스토이다.

완제품
시칠리안 페스토

**재료**  바질 5줄기, 이태리 파슬리 2줄기, 소금 2g, 마늘 ½개, 이태리 고추 1개, 올리브유 100㎖, 구운 헤이즐넛 30g, 파마산 치즈 20g, 대추 토마토 15개 혹은 이태리 토마토 2개, 소금, 후추 약간씩

완성하기

1) 볼에 바질 잎, 이태리 파슬리 잎, 다진 마늘, 다진 헤이즐넛, 소금, 올리브유를 부어 가면서 핸드 블랜더로 곱게 갈아 준다.

2) 되직한 페스토 상태가 되면 반 잘라 씨를 제거한 토마토를 넣어서 곱게 갈아 준다. (기호
   에 따라 토마토 껍질이 싫다면 뜨거운 물에 넣어 껍질을 제거하면 훨씬 부드럽게 만들 수
   있다.)

3) 마지막에 간을 보고 파마산 치즈가루와 소금, 후추로 간을 하여 맛을 낸다.



시칠리안 바질 페스토는 병에 담아 일주일 정도 냉장고에 보관이 가능합니다. 기호에 따라 시칠리안 토마토 페스토는 차가운 냉 파스타로 여름에 응용이 가능한 소스이며, 구운 빵의 딥(Dip)이나 스프레드(Spread)로도 사용할 수 있고, 이탈리안 전채 요리인 브루스케타(Bruscetta) 요리로도 응용할 수 있습니다. 선드라이 토마토로 만들어 사용하면 단맛과 감칠 맛이 증가될 수 있으므로 고려해 볼 만하다.

# 시저 드레싱

이탈리아 요리에 유래를 찾아볼 수 없는 소스로, 이탈리아를 제외한 국내 및 해외의 이탈리안 레스토랑에서 자주 이용되는 샐러드 드레싱으로 알려져 있다.

시저 샐러드

**재료** *마요네즈 500g, 다진 마늘 10g, 레몬 ¼개, 다진 앤초비 10g, 파마산치즈 가루 20g, 디종 머스타드 10g, 화이트 와인 20㎖, 다진 양파 30g, 소금, 후추 약간씩

*마요네즈 재료: 올리브유(퓨어) 250g, 계란 4개, 화이트 와인 식초 약 30-40g, 소금 약간

준비하기

– 마요네즈: 볼에 노른자를 넣고 올리브유를 조금씩 넣어 가며 휘핑을 해줍니다. 천천히 넣어 가면서 농도가 되직해지면 식초를 몇 방울 넣어 가면서 농도를 풀기를 반복하여 되직한 마요네즈를 만들어 주세요. 완성된 마요네즈에 소금을 넣어 간을 해 주세요.

1) 되직한 마요네즈에 다진 양파, 다진 마늘, 다진 앤초비, 파마산 치즈가루, 디종 머스터드 등을 넣어 섞어 주세요.

2) 농도는 화이트 와인과 레몬즙을 이용해서 조절하시고, 마지막으로 농도와 간을 조절해 주세요.

3) 부드러운 시저 드레싱을 원한다면 핸드 블랜더로 갈아서 만들 수 있습니다.

드레싱에 비릿한 맛을 싫어 한다면 앤초비를 빼는 것이 좋습니다.

# 바질 페스토

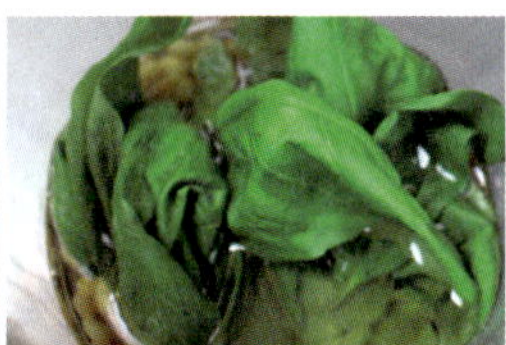

**재료(150g 기준)**  바질 110g(줄기 포함), 마늘 1쪽, 구운 잣 20g, 올리브유 약 135g, 앤초비 1쪽, 굵은 소금 2g, 얼음 1조각, 파마산 치즈 가루 20g

완성하기

1) 바질 줄기를 제거하고 잎만 떼서 준비하세요.

2) 핸드 블랜더 통에 올리브유, 마늘, 잣과 앤초비를 넣고 핸드 블랜더로 먼저 갈아 줍니다.

3) 갈린 혼합물에 소량의 굵은 소금과 얼음을 넣고 바질 잎을 넣어 작동을 한다. 마지막에 파마산 치즈를 넣어 갈아 줍니다.

4) 간 페스토에 최종 간을 본 후, 여분의 파마산 치즈와 소금을 넣어 맛을 내세요.

가급적 단시간에 빨리 작동하여 색이 변하지 않게 바질 페스토를 만들고, 보관 시에는 소독한 유리병에 바질 페스토를 담고 잠길 정도의 올리브유를 부어 봉합을 한 후 냉장고에 보관한다. 원가 절감을 위해서나 색을 진한 초록색을 내기 위해 바질 양을 줄여 이태리 파슬리를 사용하는 경우도 있지만, 가급적 100% 바질 사용을 권장한다. 기호에 따라 앤초비를 빼고 만들 수 있다. 이탈리안 요리를 접하지 못한 고객이라면 비릿한 맛에 역할 수 있다. 또한, 잣 대신에 호두, 헤즐넛, 아몬드도 잘 어울린다.

# 치킨 육수와 농축 육수

치킨 농축 육수

**재료** 영계 1마리 또는 닭뼈 1kg, 양파 2개, 당근 ½개, 샐러리 1 줄기, 통마늘 5개, 월계수 잎 3잎, 통후추 15g, 찬물 5L, 이태리 파슬리 3줄기, 대파 1줄기

완성하기

1) 영계는 기름을 제거하여 찬물에 담그고 여러 번 물을 갈아 주어 핏물을 제거해 주세요.

2) 냄비에 뼈가 잠기도록 물을 부어 삶아 주시고 끓어 오른 핏물이 위로 떠오르면 찬물에 다시 한 번 헹군 후 새물을 받아 끓여 주세요.

3) 새물이 끓으면 양파, 당근, 샐러리와 스파이스를 넣고 불을 줄인 후 2시간 정도 약한 불에서 끓여 주세요.

4) 끓이는 중간에 거품과 기름기는 제거해 주시는 것도 잊지 마세요. 시간이 지난 후에 내용물을 걸러내면 닭 육수가 완성됩니다.

5) 완성된 육수를 다시 약한 불에 올려 1시간 정도 조리면 농축 육수를 만들 수 있습니다.

6) 완성된 농축 닭 육수는 약 500㎖ 정도로 양이 나오게 조리면 깊은 맛의 갈색 농축육수가 완성됩니다.

# 선드라이 토마토 만들기

선드라이 토마토는 만들어 사용하는데 2가지 방법이 있다. 오븐을 이용하여 만드는 방법은 방울 토마토를 반으로 갈라 소금을 뿌려 1시간 정도 두면 물기가 나오는데 수분을 제거하고 소량의 설탕과 드라이 오리가노를 뿌려 100도 미만에서 2-3시간 정도 말려서 사용한다. 다른 방법은 건조기를 이용하는 방법인데 자른 방울 토마토를 55-60도에서 4-5시간 말리면 선드라 토마토가 완성된다.

완성된 토마토를 올리브 오일에 저장하면 오랫동안 보관 할 수 있다.

# 피자 반죽

## 1) 로마식 피자 반죽

로마식 피자 도우는 얇게 성형하여 구웠을 때 바삭한 질감이 강하다.
성형할 때도 얇게 밀어 사용한다.

**재료** 강력분(대한제분)1kg, 얼음물 600g, 소금 20g, 생 이스트 5g, 올리브유 15g

**반죽하기**

1) 믹싱 볼에 소금과 올리브유를 제외하고 믹싱을 하세요.
2) 반죽이 *클린업(clean up) 단계가 되면 소금을 넣고, 골고루 섞이면 올리브유를 넣어 반죽을
   계속합니다.
3) 글루텐은 90% 정도가 되면 반죽기의 작동을 정지합니다.
4) 반죽의 내부온도가 24도 이상 오르지 않도록 주의하세요.
5) 반죽은 40여 분 정도 실온에 휴직을 준 후, 160g씩 성형을 한 후 발효 통에 간격을 띄워 올려
   담아 주세요.
6) 발효 통은 냉장고 온도에 넣어 천천히 발효를 시켜 주세요.
7) 24시간이 지난 다음부터 사용이 가능하나, 가급적이면 48시간 발효된 반죽을 사용하는 것이
   좋습니다. 지나치게 발효되면 물이 생기며 반죽이 어두워지고 발효력이 약화됩니다.

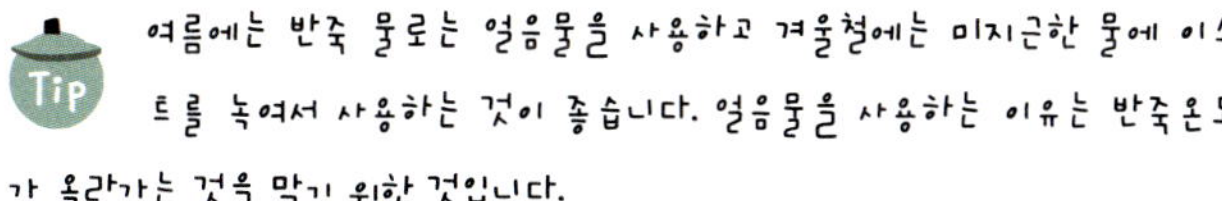


* 클린업 단계는 반죽 과정에서 밀가루가 반죽이 되어 하나의 덩어리가 되는 단계를 말합니다.

## 2) 나폴리식 피자 반죽

나폴리식 피자 도우는 두툼하고 쫄깃한 식감을 주며 구운 피자의 기공이 큰 편인 피자 반죽이다.


*** 피자 반죽하기 및 저온 숙성하기**

**재료** 강력분 1700g, 생 이스트 14g, 소금 40g, 얼음 물 1186g, 올리브유 65g

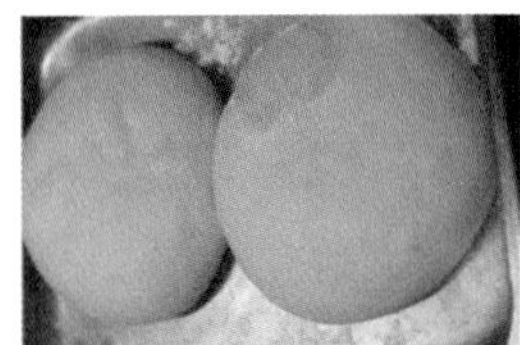
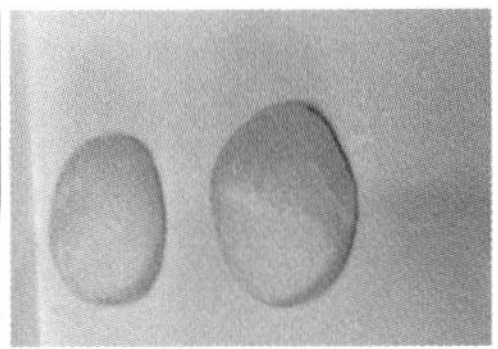

**만드는 방법**

1) 반죽기에 소금과 올리브유를 제외하고 믹싱을 해 주세요.

2) 반죽이 클립업 단계에서 소금을 넣고 골고루 섞이면 올리브유를 넣어 주세요.

3) 글루텐은 90% 정도가 되면 반죽기 작동을 정지합니다.

4) 반죽의 내부 온도가 24도 이상 오르지 않도록 주의하세요.

5) 반죽은 30분 정도 실온에 휴직을 준 후, 230g씩 성형을 한 후 발효 판에 간격을 띄워 올려 담습니다.

6) 공기가 들어가지 않도록 뚜껑을 덮어 48시간 정도 냉장고 온도에서 저온 숙성을 거칩니다.

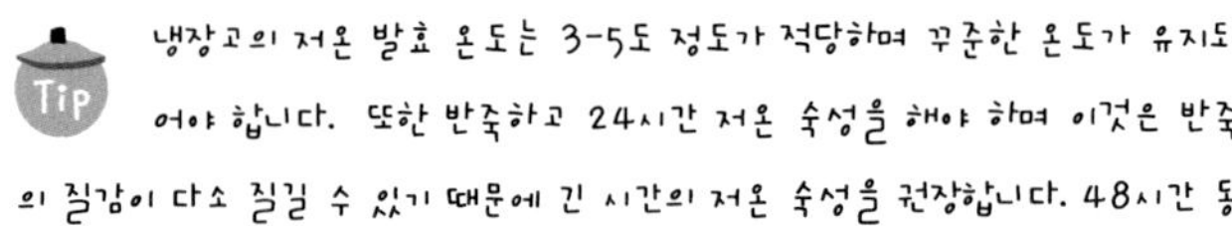

## * 피자 성형하기

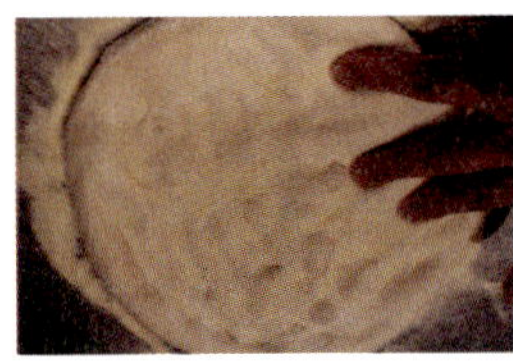 

1) 나폴리식 피자 도우 성형은 밀대가 아닌 손으로 쉽게 할 수 있습니다.

2) 세몰리나 가루를 테이블에 듬뿍 뿌려서 달라붙는 것을 방지하고, 양손으로 가장자리를 누르고 반죽 가운데를 눌러 크기를 늘립니다.

3) 양 손가락을 이용해서 시계 반대 방향으로 둘려 가면서 왼손은 늘리고 오른손은 보조 역할을 하며 원형으로 만듭니다. 혹은 두 손을 이용해 바닥에 치면서 늘리는 경우도 있습니다. 피자 테두리가 올라오게 하려면 반죽 끝의 1cm는 남겨 두어야 하는데 이것을 코르니초네(Cornicione)라고 합니다.